普通高等教育"十二五"系~

电厂水质分析

王罗春　　赵晓丹　　赵宏阳　　编
曹顺安　主审

中国电力出版社
CHINA ELECTRIC POWER PRESS

内 容 提 要

本书内容主要分为三部分：第一部分主要介绍电厂用水的特性、水质指标、质量标准，以及水质分析的意义等；第二部分介绍水质分析的一般原则，主要包括水质分析总则、有效数字的修约和运算规则、标准曲线的绘制、分析结果的校核、课程报告书的格式；第三部分为实验部分，介绍每个分析项目的分析方法，内容包括方法来源、适用范围、实验原理、试剂与器材、分析步骤、分析流程、分析结果的计算，以及所涉及标准溶液的配制和标定。

本书可作为具有电力背景高等院校电厂化学等相关专业的本科教学用书，也可作为电力系统企业从事水质分析的工作人员的培训教材。

图书在版编目（CIP）数据

电厂水质分析/王罗春，赵晓丹，赵宏阳编 . —北京：中国电力出版社，2014.4（2022.7 重印）

普通高等教育"十二五"规划教材

ISBN 978 - 7 - 5123 - 5573 - 6

Ⅰ.①电… Ⅱ.①王… ②赵… ③赵… Ⅲ.①电厂供水-水质分析-高等学校-教材 Ⅳ.①TM62

中国版本图书馆 CIP 数据核字（2014）第 035161 号

中国电力出版社出版、发行

（北京市东城区北京站西街 19 号 100005 http://www.cepp.sgcc.com.cn）

北京天泽润科贸有限公司印刷

各地新华书店经售

*

2014 年 4 月第一版 2022 年 7 月北京第二次印刷

787 毫米×1092 毫米 16 开本 6.5 印张 115 千字

定价 **25.00** 元

版 权 专 有 侵 权 必 究

本书如有印装质量问题，我社营销中心负责退换

前 言

如果火电厂用水长期不达标，可能会引起以下问题：锅炉水冷壁等受热面结垢、腐蚀或氢脆损坏，引起频繁爆管；给水管道氧腐蚀严重，必须停炉停机更换；汽轮机轴封漏汽严重，造成汽轮机油乳化、被迫停机等。这些问题可能造成严重的后果，大大降低发电厂的经济性，有时还可能造成不可挽回的社会影响。

为了确保火电厂的安全运行，避免上述问题的发生，需要对电厂用水（包括原水、蒸汽、炉水、给水、汽轮机凝结水和循环冷却水等）进行监督。电厂水质监督包括在线化学仪表监测和人工采样分析两部分。

"电厂水质分析"是电厂化学专业重要的实践教学环节，涉及的内容主要是电厂水质监督中的人工采样分析部分，具体安排是集中两周时间对电厂原水水样进行一次系统、完整的分析测试，使学生初步接触专业知识。从毕业生的反馈来看，该课程的设置对学生专业课的学习及毕业后从事电厂水处理工作的帮助很大。

上海电力学院是全国仅有的三所以"电力"命名的本科院校之一，"电厂水质分析"教学实践环节与电厂化学专业一样，在上海电力学院已有 60 余年历史，但国内至今缺乏适合该课程的本科教学教材。基于此，编者针对上海电力学院以往采用的课程讲义，结合近几年教学过程中存在的问题，如学生一直采用坐标纸手工做图法绘制标准曲线，每个实验都要在黑板上板书实验流程等，编写了本书。

参加本书编写的有上海电力学院王罗春（第 1～4 章）、赵晓丹（第 1、3 章）和赵宏阳（第 3 章），全书由王罗春统稿。此外，研究生李亭承担了文献整理和文字输入工作，蔡毅飞、商洪涛、罗金鸣对本书的编写提出了宝贵的意见，武汉大学曹顺安教授负责本书的主审工作，在此一并致谢。

限于时间关系和作者水平，书中疏漏之处在所难免，恳请读者批评指正。

编 者
2014 年 1 月

目　　录

1 电 厂 用 水

1.1 电厂用水的分类及其特性

电厂用水根据其部位和作用不同，一般可分为原水、给水、炉水、冷却水和排污水五种。

1.1.1 原水

原水又称生水、源水，泛指未经任何处理的天然水。

1. 原水的分类及其特性

电厂原水的来源，主要有江河水、湖水、地下水、海水和再生水五类。

（1）江河水。江河水是水圈中最为活跃的部分，其化学组分具有多样性和易变性。江河水在时间和空间上都有很大差异，如一条河流水的化学组分在冬季和夏季可能有很大变化，在上游和下游也有很大差异。

表 1-1 所示为世界河水的平均化学组分。一般来讲，低含盐量水（小于 200mg/L）为碳酸盐型水质，阳离子以 Ca^{2+} 为主；较高含盐量水（大于 500mg/L）为硫酸盐型水质，阳离子以 Na^+ 为主；高含盐量水（大于 1000mg/L）为氯化物型水质，阳离子也以 Na^+ 为主。

表 1-1　　　　　　　　世界河水的平均化学组分

主要离子（mg/kg）		微量离子（μg/kg）		
HCO_3^-	58.4	卤素	F^-	＜1（mg/kg）
SO_4^{2-}	11.2		Br^-	≈0.02（mg/kg）
Cl^-	7.8		I^-	≈0.02（mg/kg）
NO_3^-	1	过渡元素	V	≪1
Ca^{2+}	15		Ni	≈10
Mg^{2+}	4.1		Cu	≈10
Na^+	6.3	其他	B	≈13
K^+	2.3		Rb	1
Fe（总）	0.67		Ba	50
SiO_2	13.1		Zn	10
总离子量	120		Pb	1～10
			U	≈1

（2）湖水。由于湖泊的进水与出水交替缓慢，所以即使处于同一气候带的湖

水和河水，湖水中离子总量的变化幅度也比河水大，从数十毫克/升到上万毫克/升。

湖水中化学组分的变化与河水相似，随着离子总量的增加，优势离子的顺序为：$HCO_3^- \rightarrow SO_4^{2-} \rightarrow Cl^-$，$Ca^{2+} \rightarrow Mg^{2+} \rightarrow Na^+$。

湖水按其离子总量分为淡水湖、咸水湖和盐湖，淡水湖的离子总量小于 1000mg/L，咸水湖的离子总量为 1000～25 000mg/L，盐水湖的离子总量大于 25 000mg/L。

(3) 地下水。埋藏在地表以下的所有天然水都称为地下水。按其埋藏的条件分为潜水（浅层地下水）和承压水（深层地下水）两种。浅层地下水是指分布在第一个隔水层以上靠近地表的沉积物孔隙内水、风化岩石裂缝内水、碳酸盐岩溶洞内水等；深层地下水是指隔水层之间的水。

由于地下水与大气圈接触少，而与岩石矿物接触时间长，使地下水不同程度地含有地壳中所有的化学元素；地下水与地表水相比，悬浮固体含量很少，清澈透明，除含有主要离子 HCO_3^-、SO_4^{2-}、Cl^-、Ca^{2+}、Mg^{2+}、Na^+ 以外，还含有较多的 Fe^{2+}、Mn^{2+}、NO_3^-、NO_2^-、H^+、As^{3+}。

浅层地下水的分布深度可在 100～500m，主要依靠大气降水、地表水和水库渗漏水补充，有时也由深层地下水补充，大部分情况下是混合补充。由于浅层地下水与大气接触多，水中富氧及淋溶作用强烈，所以化学组分及数量与岩石矿物的化学组分有关。

(4) 海水。海水是一种中等浓度的电解质水溶液，覆盖的面积约占地球表面的 71%。由于海水长期的蒸发、浓缩作用，其含盐量高达 30～50g/L。其中，以氯化钠的含量最高，约占含盐量的 89%；其次是硫酸盐和硅酸盐。由于世界各大洋相通，水质基本稳定，各主要离子之间的比例也基本一致，除 HCO_3^-、CO_3^{2-} 两种离子含量变化较大外，其他各离子的含量大小依次是：$(K^+ + Na^+) > Mg^{2+} > Ca^{2+}$，$Cl^- > SO_4^{2-} > (HCO_3^- + CO_3^{2-})$。

海水的化学组分通常用氯度和盐度表示。氯度定义为在 1000g 海水中，将溴和碘以氯代替时所含氯、溴、碘的总质量；盐度的定义是在 1000g 海水中，将所有的碳酸盐转变成氧化物，所有溴和碘用氯代替，以及有机物均已完全氧化后所含全部固体物质的总质量数。两者之间的关系是：1 盐度＝1.80655 氯度。

由于海水中离子总量比地表水和地下水高得多，所以有部分离子以离子对的形式存在。表 1-2 和表 1-3 所示为主要离子组分的存在形式。除表中的主要离子组分之外，还有少量微量浓度的碘（0.06mg/L）、汞（0.000 03mg/L）、镉（0.0001mg/L）和镭（1×10^{-10} mg/L）等。

表 1-2　　海水中主要阳离子组分的存在形式

离子	质量摩尔浓度（mol）	自由离子（%）	与硫酸根成离子对（%）	与碳酸氢根成离子对（%）	与碳酸根成离子对（%）
Ca^{2+}	0.0104	91	8	1	0.2
Mg^{2+}	0.0540	87	11	1	0.3
Na^+	0.4752	99	1.2	0.01	—
K^+	0.0100	99	1	—	—

表 1-3　　海水中主要阴离子组分的存在形式

离子	质量摩尔浓度（mol）	自由离子（%）	与Ca^{2+}成离子对（%）	与Mg^{2+}成离子对（%）	与Na^+成离子对（%）	与K^+成离子对（%）
SO_4^{2-}	0.0284	54	3	21.5	21	0.5
HCO_3^-	0.002 38	69	4	19	8	—
CO_3^{2-}	0.000 269	9	7	67	17	—

　　目前，随着沿海城市的人口增加和工业的迅猛发展，海水已成为制取淡水的水资源，也是工业冷却用水的水资源。在海滨的火力发电厂，海水是凝汽器的冷却用水。

　　(5) 再生水。对经过或未经过污水处理厂处理的集纳雨水、工业排水、生活排水进行适当处理，达到规定水质标准，可以被再次利用的水，称为再生水。

　　再生水可以用作电厂锅炉用水和冷却水，其控制项目和指标限值应符合表 1-4 的规定。

表 1-4　　再生水利用于工业用水控制项目和指标限值

序号	控 制 项 目	冷却用水	锅炉用水
1	色度（度）	≤30	≤30
2	浊度（NTU）	≤5	≤5
3	pH 值	6.5～8.5	6.5～8.5
4	总硬度（以 $CaCO_3$ 计）（mg/L）	≤450	≤450
5	悬浮物（SS）（mg/L）	≤30	≤5
6	五日生化需氧量（BOD_5）（mg/L）	≤10	≤10
7	化学需氧量（COD_{Cr}）（mg/L）	≤60	≤60
8	溶解性总固体（mg/L）	≤1000	≤1000
9	氨氮（mg/L）	≤10.0*	≤10.0

序号	控 制 项 目	冷却用水	锅炉用水
10	总磷（mg/L）	≤1.0	≤1.0
11	铁（mg/L）	≤0.3	≤0.3
12	锰（mg/L）	≤0.1	≤0.1
13	粪大肠菌群（个/L）	≤2000	≤2000

* 铜材换热器循环水氨氮为 1mg/L。

1.1.2　给水

直接进入锅炉，被锅炉蒸发或加热使用的水称为给水。给水通常由补给水和生产回水两部分混合而成。

1. 补给水

锅炉在运行中由于取样、排污、泄漏等会损失掉一部分水，生产回水被污染不能回收利用或无蒸汽回水时，都必须补充符合水质要求的水，这部分水称为补给水。补给水是锅炉给水中除去一定量的生产回收外，补充供给的那一部分。因为锅炉给水有一定的质量要求，所以补给水一般都要经过适当的处理。当锅炉没有生产回水时，补给水就等于给水。

2. 生产回水

当蒸汽或热水的热能利用之后，其凝结水或低温水应尽量回收循环使用，这部分水称为生产回水。提高给水中回水所占的比例，可以减少生产补给水的工作量。如果蒸汽或热水在生产流程中已被严重污染，则不能进行回收。

1.1.3　炉水

正在运行的锅炉本体系统中流动着的水称为锅炉水，简称炉水。

1.1.4　冷却水

机组运行中用于冷却锅炉某一附属设备的水称为冷却水，电厂一般采用生水作为冷却水。

1.1.5　排污水

为了除去锅炉水中的杂质（过量的盐分、碱度等）和悬浮性水渣，以保证锅炉水质符合特定水质标准的要求，就必须从锅炉的一定部位排放掉一部分炉水，这部分水称为排污水。

1.2　电厂用水中的杂质及其危害

天然水中的物质（杂质或污染物）可从不同的角度进行分类：按化学性质，可将水中杂质分为无机杂质（主要包括溶解性离子、气体和细小泥沙）、有机杂质（主要包括腐殖质和蛋白质、脂肪等）和微生物杂质（主要包括原生动物、藻类、细菌、病毒等）；按物理性质（颗粒大小），可分为悬浮物质、胶体物质和溶解性物质；按杂质的污染特征，又可分为可生物降解有机物（也称耗氧有机物）、难生物降解有机物（如各种农药、胺类化合物）、无直接毒害无机物（如泥沙、酸、碱和氮、磷等）和有直接毒害无机物（如氰化物、砷化物等）。

依据水的净化和处理的需要，假定水中的物质均呈球形，按其直径大小可分成悬浮固体、胶体和溶解性物质三大类，溶解性物质又分为溶解气体、溶解无机离子和溶解性有机物质，如图 1-1 所示。

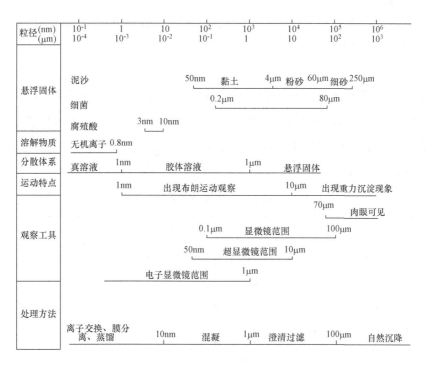

图 1-1　水中各种物质尺寸大小与特征

1.2.1　悬浮物质

悬浮物质是指颗粒直径在 10^{-4} mm 以上的杂质，包括泥沙、黏土、藻类、细菌及动植物的微小碎片、纤维或死亡后的腐烂产物等。这些杂质构成了天然水的浑浊度和色度。悬浮物质在水中是不稳定的，其较轻物质浮于水面（如油脂等），较重物质静置时会下降（如沙石、黏土和动植物尸体碎片和纤维等）。

悬浮物的存在会影响离子交换设备及锅炉的安全经济运行，如果它们在离子交换器内沉积，将会使离子交换剂受到污染，从而使其交换容量降低，周期出水量减少，并影响离子交换器的出水质量。如果悬浮物直接进入锅炉，会在热力系统内沉积，使传热效果变差，严重时会导致热力设备金属因过热损坏而发生事故。

1.2.2　胶体物质

胶体物质是指颗粒直径在 $10^{-4} \sim 10^{-6}$ mm 之间的杂质。

天然水中的胶体，一类是硅、铁、铝等矿物质胶体，另一类是由动植物腐败后的腐殖质形成的有机胶体。由于胶体表面带有同性电荷，它们的颗粒之间互相排斥，所以颗粒不能长大，不能靠重力下降，可在水中稳定存在。若不除去水中的胶体物质，将会在锅炉中形成难以去除的坚硬水垢，并使炉水产生大量泡沫，引起汽水共沸，污染蒸汽品质，影响锅炉的正常运行。

1.2.3　溶解性物质

水中溶解的物质主要是气体和矿物质的盐类，它们都以分子或离子状态存在于水中，粒径在 1nm 以下。

1. 溶解气体

水中溶解的气体都以分子状态存在。水中常见的溶解气体有氧（O_2）、二氧化碳（CO_2）和氮（N_2），有时还有硫化氢（H_2S）、二氧化硫（SO_2）和氨（NH_3）等。能够引起锅炉腐蚀的有害气体主要是氧气和二氧化碳气体，有时还有部分硫化氢气体，表1-5所示为 CO_2、O_2 和 H_2S 气体在不同温度水中的溶解度。

表 1-5　　　　　　　　　　CO_2、O_2 和 H_2S 在不同温度水中的溶解度　　　　　　　　　　（mg/L）

温度（℃）	CO_2	O_2	H_2S	温度（℃）	CO_2	O_2	H_2S
0	3350	69.5	7070	30	1260	35.9	2980
5	2770	60.7	6000	40	970	30.8	2360
10	2310	53.7	5110	50	760	26.6	1780
15	1970	48.0	4410	60	580	22.8	1480
20	1690	43.4	3850	80		13.8	765
25	1450	39.3	3380	100		0	0

2. 溶解无机离子

水中的溶解无机离子（盐类）都是以离子状态存在的，主要来自于地层中矿物质的溶解。

水中的溶解无机离子往往以离子对的状态存在。天然水体中含有的主要离子有 Cl^-、SO_4^{2-}、HCO_3^-、CO_3^{2-}、Na^+、K^+、Ca^{2+} 和 Mg^{2+} 八种离子，它们几乎占水中溶解固体总量的 95％ 以上。这些杂质若不除去，就会造成锅炉结垢、腐蚀和污染蒸汽品质，使锅炉金属过热变形、腐蚀穿孔，缩短锅炉使用寿命、浪费燃料、降低锅炉热效率，或者产生汽水共沸，以至发生堵管、爆管等重大事故，破坏锅炉的安全经济运行。

另外，水中还有一定的生物生成物、微量元素及有机物。生物生成物主要是一些氮的化合物（如 NH_4^+、NO_2^-、NO_3^-）、磷的化合物（HPO_4^{2-}、$H_2PO_4^-$、PO_4^{3-}）、铁的化合物和硅的化合物；微量元素是指含量小于 10mg/L 的元素，主要有 Br^-、I^-、Cu^{2+}、Co^{2+}、Ni^{2+}、F^-、Fe^{2+}、Ra^{2+} 等。

3. 溶解有机物

天然水体中的有机物不仅种类繁多，而且分子结构复杂，但浓度较低，一般都在毫克/升到微克/升量级以下。天然水体中的有机物呈溶解态、胶态或悬浮态。

锅炉用水中杂质对锅炉热力设备的有害影响见表 1-6。

表 1-6　　　　　　　　　水中杂质对热力设备的有害影响

序号	杂质名称	对 设 备 影 响
1	悬浮物	污染树脂，降低其交换性能，尤其对逆流再生设备影响较大
2	有机物	（1）使阴离子交换树脂污染老化，降低交换容量及使用寿命。 （2）进入锅炉后能造成汽水共沸，恶化蒸汽品质
3	游离氯	是氧化剂，能造成树脂的不可逆膨胀而使树脂损坏
4	溶解氧	可造成水处理系统和给水系统的腐蚀，但在高纯给水中进行弱碱性水加氧处理，可形成一层保护膜，减缓对给水系统的腐蚀
5	硅酸化合物	易在热力系统结垢，在汽轮机叶片上积盐，影响机组出力
6	碳酸盐化合物	在加热后能分解出二氧化碳，在给水系统造成二氧化碳腐蚀
7	钙镁盐类	能在强受热面上结出坚硬的水垢
8	钾钠盐类	能在过热器、汽轮机叶片上积盐
9	铜铁垢	进入离子交换树脂内不易再被交换出来；在锅炉水冷壁管上结垢又能造成溃疡性垢下腐蚀，严重影响锅炉安全运行
10	氨和铵盐	适量的氨对抑制系统中的二氧化碳腐蚀有好处，但过量后能促使对铜的腐蚀
11	硝酸、亚硝酸盐	能造成水冷壁及过热器的腐蚀

1.3　电厂用水的水质指标

由于工业用水的种类繁多，所以对水质的要求也各不相同。水质指标也称水质参数，电厂用水的水质指标见表 1-7。

表 1 - 7　　　　　　　　　　　　　　　　电厂用水的水质指标

指标名称	符号	单位	指标名称	符号	单位
pH 值	pH	—	稳定度	—	—
全固体	QG	mg/L	二氧化碳	CO_2	mg/L
悬浮固体	XG	mg/L	碳酸氢根	HCO_3^-	mg/L 或 mmol/L
浊度（浑浊度）	ZD	FTU	碳酸根	CO_3^{2-}	mg/L 或 mmol/L
透明度	TD	cm	氯离子	Cl^-	mg/L
溶解固体	RG	mg/L	硫酸根	SO_4^{2-}	mg/L
灼烧减少固体	SG	mg/L	二氧化硅	SiO_2	mg/L
含盐量	YL 或 C	mg/L 或 mmol/L	磷酸根	PO_4^{3-}	mg/L
电导率	κ	$\mu S/cm$	硝酸根	NO_3^-	mg/L
硬度	YD 或 H	mmol/L	亚硝酸根	NO_2^-	mg/L
碳酸盐硬度	YDT 或 HT	mmol/L	钙	Ca	mg/L 或 mmol/L
非碳酸盐硬度	YDF 或 HF	mmol/L	镁	Mg	mg/L 或 mmol/L
碱度	JD 或 B	mmol/L	钠	Na	mg/L
酸度	SD 或 A	mmol/L	钾	K	mg/L
化学耗氧量	COD	mg/LO_2	氨	NH_3	mg/L
生化需氧量	BOD	mg/LO_2	铁	Fe	mg/L
总有机碳	TOC	mg/L	铝	Al	mg/L
含油量	—	—	溶解氧	DO	mg/L

在表 1 - 7 所列出的水质指标中，有两种类型：一种是反映水中某一具体组分，如 pH 值及各种无机离子，含义非常明确，这种水质指标称为成分指标；另一种不是代表水中某一具体组分，而是表示某一类物质的总和，这种水质指标称为技术指标，是根据水的某一种使用性能而制定的，如水的悬浮固体和浑浊度表示水中所含造成水体浑浊的物质总量。

有些技术指标反映某一类物质的总量，概念比较清楚。如硬度反映水中造成结垢物质的总阳离子含量，主要表示钙、镁离子之和。但也有些技术指标不易推测出其组分，如色度、嗅、味等，只是反映造成水体带有颜色或嗅味的物质总量，很难推测有哪些具体组分。

1.3.1　悬浮固体、浊度与透明度

悬浮固体（suspended solids）表示水中悬浮物质的含量，由于它容易在管道、设备内沉积和影响其他水处理设备的正常运行，所以是任何水处理系统首先要清

除的杂质。在水处理澄清池、空气擦洗滤池、双介质过滤器、活性炭过滤器、精处理前置过滤器、废水处理澄清池等处都要监测悬浮物的含量。

浊度（turbidity）通常用光电浊度仪测定，是利用光的散射原理确定的。采用福马肼（Formazine）标准液，利用散射光原理测得的浊度称为散射光（nepheiometer）福马肼浊度（NTU），采用福马肼标准液利用透射光原理测得的浊度称为透射光福马肼浊度（NTU）。

透明度（transparency）表示水的透明程度。水中悬浮固体的含量越低，透明度越高，水越澄清，透明度与浊度的意义相反。

1.3.2 溶解固体

溶解固体（dissolved solids）是指水中除溶解气体之外的各种溶解物质的总量，是一种理论上的指标，目前一些与其含义相近似的指标有含盐量、蒸发残渣、灼烧减少固体和电导率。

1. 含盐量

含盐量（salinity）表示水中各种溶解盐类的总和，可由水质全分析得到的全部阳离子和阴离子相加得到，单位用 mg/L 表示。也可用物质的量表示，即将得到的全部阳离子（或全部阴离子）均按一个电荷的离子为基本单元相加得到，单位用 mmol/L 表示。

2. 蒸发残渣

蒸发残渣是指过滤后的水样在 $105 \sim 110℃$ 下蒸干所得的残渣。水中的蒸发残渣和悬浮固体之和，称为全固体（total solid matter），它是将被测水样直接在水浴锅上蒸干，然后在 $105 \sim 110℃$ 下恒重而得。

3. 灼烧减少固体

灼烧减少固体（ignition losses）是将溶解固体在 $(600 \pm 25)℃$ 下灼烧，灼烧后剩余的物质量称为灼烧残渣或矿物残渣。水的含盐量 c 与溶解固体之间的关系，可表示为

$$c = c_{\Sigma 阳} + c_{\Sigma 阴} = c_{总溶解固体} - c_{(SiO_2)_全} - c_{\Sigma 有机物} + c_{(\frac{1}{2} HCO_3^-)} \tag{1-1}$$

4. 电导率

由于水中有以离子状态存在的物质，因此具有导电能力，所以水的含盐量还可用水的导电能力（即电导率）指标来表示。

天然水的导电能力与水的温度有关，水温在 25℃ 时，$1\mu S/cm$ 相当于 $0.55 \sim 0.9mg/L$。如果水的温度不同，比例关系需要校正，每变化 1℃ 大约变化 2%。各种离子 1mg/L 相当的电导率见表 1-8。

表 1 - 8 　　　　　　　　　　各种离子 1mg/L 相当的电导率 （25℃）

阳离子	电导率 （μS/cm）	阴离子	电导率 （μS/cm）	阳离子	电导率 （μS/cm）	阴离子	电导率 （μS/cm）
Na^+	2.13	Cl^-	2.14	Ca^{2+}	2.6	HCO_3^-	0.715
K^+	1.84	F^-	2.91	Mg^{2+}	3.82	CO_3^{2-}	2.82
NH_4^+	5.24	NO_3^-	5.1			SO_4^{2-}	1.54

如果水的溶解固体总量 （TDS） 在 50～5000mg/L 之间，则水的电导率与 TDS 之间有以下近似关系

$$lgTDS = 1.006 lg\kappa_{H_2O} - 0.215 \qquad (1 - 2)$$

式中：κ_{H_2O} 为水的电导率，$\mu S/cm$；TDS 为水的溶解固体总量，mg/L。

几乎所有的水处理系统都要监测水的电导率。电导率分为比电导率和氢电导率。通常所说的电导率一般指比电导率，它是溶液传送电流的能力，是电阻率的倒数。氢电导率是水样经过小型氢交换柱后仪表监测的电导率。同一种水质，氢电导率相对比电导率而言，数值大些，容易监测水质的变化。如监测水处理阴床出水、混床出水电导率，可以判断树脂是否失效；监测凝结水、给水氢电导率，可以直接判断水质的好坏；通过检漏装置监测凝气器凝结水的电导率，能很灵敏地检测到凝汽器是否泄漏。

1.3.3　硬度

硬度 （hardness） 表示水中多价金属离子的总浓度，对天然水体来说主要是钙离子和镁离子，其他多价金属离子含量很少，所以通常称水中钙离子和镁离子之和为硬度，它在一定程度上表示了水中结垢物质的多少。硬度是衡量锅炉给水水质好坏的一项重要技术指标。水中含钙、镁离子会导致热力设备水汽系统结垢。在水处理系统阳床出水有时要监测硬度是为了防止阳床深度失效，导致硬度带入汽水系统；汽水系统凝结水、给水都要监测硬度，特别是机组启动初期。

1.3.4　碱度和酸度

水的碱度 （alkalinity、basicity） 表示水中所含能接受氢离子物质的总量。所以，水的总碱度 B （total basicity） 为

$$B = [OH^-] + [HCO_3^-] + 2[CO_3^{2-}] + [H_3SiO_4^-] + [B(OH)_4^-] + \qquad (1 - 3)$$
$$[HPO_4^{2-}] + [NH_3] + f'[Ac^-] - H^+$$

因为

$$H_3SiO_4^- + H^+ \Leftrightarrow H_4SiO_4 \qquad (1 - 4)$$

$$B(OH)_4^- + H^+ \Leftrightarrow H_3BO_3 + H_2O \qquad (1 - 5)$$

$$HPO_4^{2-} + H^+ \Leftrightarrow H_2PO_4^- \qquad (1 - 6)$$

$$NH_3 + H^+ \Leftrightarrow NH_4^+ \tag{1-7}$$

$$Ac^- + H^+ \Leftrightarrow HAc \tag{1-8}$$

所以用甲基橙为指示剂,滴定至终点时,反应式(1-4)~式(1-8)可进行到底,转化为相应的酸,只是 Ac^- 部分转化为 HAc。f' 称为转化系数。对一般天然水来说,水中碱度主要是 HCO_3^-。在水质全分析中需测定碱度,碱度大小可以用酸来滴定测得。

水的酸度 A(acidity)表示水中所含能与强碱发生中和反应的物质总量,即能放出质子 H^+ 和经过水解能产生 H^+ 的物质总量。酸度大小可以用碱来滴定测得,在原水水质全分析中需测定酸度。

1.3.5　pH 值

pH 值表示水中 H^+ 活度的大小。在水处理系统和热力汽水系统中经常要监测水的 pH 值。特别是给水需严格控制 pH 值大小,pH 值控制不当随时有可能导致热力系统腐蚀。

1.3.6　溶解氧

溶解氧表示水中溶解态分子氧的含量。溶解氧含量的大小直接影响到热力系统设备的腐蚀。溶解氧在汽水系统中几乎需要全程监控。

1.3.7　有机物

炉水中的有机物质是由于原水中的有机物(腐殖酸类物质)形成稳定的水溶性胶体,离子交换无法去除,因而由补给水系统进入锅炉;有时也有树脂类高分子有机化合物以粉末状进入锅炉。这些有机物在炉水蒸汽循环的高温和高压作用下,大部分发生热分解,由于其离解作用而产生酸性物质,导致炉水 pH 值降低。树脂粉末,特别是磺酸型阳树脂在高温、高压作用下分解生成硫酸,使炉水 pH 值降低,由此产生腐蚀的危害。有时有机物还会从炉水系统进入蒸汽中,对蒸汽循环系统的腐蚀危害很大。

天然水中的有机物种类众多,成分也很复杂,难以进行逐个测定,可以利用有机物的可氧化性或可燃性,用某些指标间接地反映水中有机物的含量。

1. 化学耗氧量(COD)

化学需氧量(chemical oxygen demand,COD)是指用化学氧化剂氧化水中有机物时所需要的氧量,单位以 $mg(O_2)/L$ 表示。常用的氧化剂有高锰酸钾和重铬酸钾。高锰酸钾法多用于轻度污染的天然水和清水的测定,重铬酸钾法多用于废水中有机物的测定。对同一种水质,通常是 $COD_{Cr} > COD_{Mn}$。在原水水质全分析、活性炭过滤器出口都要监测 COD 大小。

2. 生化耗氧量

生化需氧量(biochemical oxygen demand,BOD)是指利用微生物氧化水中有机物所需要的氧量，单位也以 mg（O_2）/L 表示。在水质相对稳定的条件下，一般是 COD_{Cr}＞BOD_5＞COD_{Mn}。BOD_5 多用于废水中有机物的测定，BOD_5 与 COD_{Cr} 的比值反映水的可生化程度，比值大于 30％的水才可能进行生物氧化处理。

3. 总有机碳

总有机碳（total organic carbon，TOC）是指水中有机物的总含碳量。总有机碳有两种测定方法：一种是燃烧氧化法；另一种是用紫外线（185nm）、在二氧化钛催化下的紫外线或过硫酸盐作为氧化剂，将水中有机物氧化，用红外线或电导率进行测量。前者多用于高有机物含量的测定，后者多用于低有机物含量的测定。

4. 总需氧量

当有机物全部被氧化时，碳被氧化成 CO_2，氢、氮、硫分别被氧化成 H_2O、NO 和 SO_2，这时的需氧量称为总需氧量（total oxygen demand，TOD）。TOD 既包括难以分解的有机物含量，也包括一些无机硫、磷等元素，全部氧化所需的氧量。对同一水样，一般 TOD＞COD。总需氧量是通过专业仪器测定的。

1.3.8　钠离子和二氧化硅

凝汽器检漏装置除监测电导率外，通过监测钠离子，也能很灵敏地检测到凝汽器是否泄漏；汽水系统监测主蒸汽中的钠离子是为了检测蒸汽携带的盐类物质，防止系统积盐；监测阳床出水中的钠离子是因为阳树脂在将近失效时，最先漏出的是钠离子。

天然水中的硅分为活性硅和非活性硅（胶体硅），原水中大部分非活性硅被混凝除去，活性硅被反渗透装置、阴床和混床的阴树脂除去。监测阴床、混床出水硅是因为阴床、混床阴树脂在将近失效时，最先漏出的是 $HSiO_3^-$。除硬度（Ca^{2+}、Mg^{2+}）外，$HSiO_3^-$ 也是导致热交换设备、管道结垢的主要物质。给水系统中监测二氧化硅可以防止热力系统结垢。

限制炉水中的含盐量（或含钠量）和含硅量是为了保证蒸汽品质。蒸汽带水会将炉水中的钠盐和硅酸带入蒸汽，蒸汽溶解也会增加蒸汽中钠盐和硅酸的含量。当炉水含盐量或含硅量超过一定数值时，蒸汽带水量会明显增加，使蒸汽品质明显变坏。

当炉水含盐量增加到一定程度时，炉水黏度增加，炉水中小气泡不易长大，同时可能产生泡沫层，使蒸汽带水量增加，蒸汽中含盐量也增加。

在高压锅炉中，蒸汽对水中某些物质（如硅酸）有选择性溶解携带现象，又称选择性携带。蒸汽对硅酸的溶解携带量与炉水中硅酸含量成正比，即炉水中含硅量越大，蒸汽中含硅量也越高。蒸汽中含硅量超标可能造成 SiO_2 在汽轮机中沉积。

1.3.9 铜和铁

给水中铜和铁的含量，是作为评价热力系统金属腐蚀程度的依据之一。给水中的铜和铁，主要源于金属腐蚀产物。锅炉给水中含有铜和铁时，会在金属受热面上形成铜垢或铁垢，由于金属表面与铁垢、铜垢沉积物之间的电位差异，从而引起金属的局部腐蚀。这种腐蚀一般是坑蚀，容易造成金属穿孔或爆裂，所以危害性很大。因此，严格控制给水中铜和铁的含量，是防止锅炉腐蚀的必要措施。

电厂用水的一般分析项目及每个项目不合格可能引起的问题见表1-9。

表1-9　　　　　电厂用水的一般分析项目及每个项目不合格可能引起的问题

分析项目	引 起 的 问 题
浊度	会在管道、生产设备水侧产生沉积物而影响传热效率
硬度	导致热交换设备、给水管道等部位形成钙镁水垢
碱度	炉水发泡同时增加蒸汽机械携带量，碳酸氢盐和碳酸盐高温分解产生二氧化碳，进入蒸汽，导致凝结水 pH 值降低，造成酸性腐蚀
酸度	酸性腐蚀
二氧化碳	导致给水水管道、蒸汽和凝结水管道的酸性腐蚀
pH	会造成氧化膜的破坏，加剧腐蚀
硫酸根	增加水中固体物含量，会与钙离子结合形成硫酸钙垢
氯离子	增加水中固体物含量和水的腐蚀性，对奥氏体不锈钢有强烈的腐蚀性
二氧化硅	锅内和冷却水系统结垢。易被蒸汽溶解携带，在汽轮机叶片上形成积盐
铁	沉淀时会使水变色。为水管、锅炉管等水侧沉积物的来源
锰	沉淀时会使水变色。为水管、锅炉管等水侧沉积物的来源
溶解氧	引起管道、热交换设备和锅炉等发生氧腐蚀
氨	与铜和锌形成可溶性的复合离子，加剧铜和锌合金腐蚀
溶解固形物	导致热交换设备、锅炉、管道内形成沉积物
悬浮物	导致热交换设备、锅炉、管道内形成沉积物
全固形物	导致炉水起泡，以及在热交换设备、锅炉、管道内形成沉积物

1.4　电厂用水、汽质量标准

火力发电厂的水汽化学监督是保证发电设备安全、经济运行的重要措施之一。为了防止水汽质量劣化引起设备发生事故，必须贯彻"安全第一、预防为主"的方针，认真做好水汽化学监督全过程的质量管理。新建火电厂从水源选择、水处理系统设计、设备和材料的选型、安装和调试，直至设备运行、检修和停用的各个阶段都应坚持质量标准，以保证各项水汽质量符合 DL/T 561—2011《火力发电厂水汽化学监督导则》的规定，防止热力设备因腐蚀、结垢、积盐而发生事故。

1.4.1　安装和调试阶段的锅炉整体水压试验用水质量标准

新建锅炉的补给水处理设备及系统的安装、调试工作，应在锅炉第一次水压试验之前完成。锅炉整体水压试验，应采用除盐水。整体水压试验用水质量应满足下列要求：

（1）锅炉整体满水后其过热器排气门的溢出水中的氯离子含量小于 0.2mg/L，否则进行置换处理。

（2）联氨 200～300mg/L，用氨水调节 pH 值至 10～10.5；或用氨水调节 pH 值至 10.5～10.8。

1.4.2　新建机组试运行阶段水、汽质量标准

（1）容量在 300MW 及以上的机组，当汽轮机冲转时，过热蒸汽的二氧化硅含量不大于 80μg/kg，含钠量不大于 20μg/kg。

（2）汽轮机凝结水的回收质量。新建机组试运期间，汽轮机凝结水的回收质量，一般应符合表 1-10 的规定。

表 1-10　　　　　　　　　　　凝结水回收质量标准*

外观	硬度（μmol/L）	铁**（μg/L）	二氧化硅（μg/L）	铜（μg/L）
无色透明	≤5.0	≤80	≤80	≤30

*　对于海滨电厂还应控制含钠量不大于 80μg/L。

**　直接空冷机组，可放宽至不大于 100μg/L。

（3）锅炉给水质量。新建机组试运期间，锅炉给水质量应符合表 1-11 的规定。

表 1-11　　　　　　　　机组整套启动试运行时的蒸汽质量标准

炉型	锅炉过热蒸汽压力（MPa）	阶段	钠（μ/kg）	二氧化硅（μg/kg）	铁（μg/kg）	铜（μg/kg）	氢电导率（25℃）（μS/cm）
汽包炉	12.7～18.3	带负荷至 1/2 额定负荷前	≤20	≤60	—	—	≤1.0
		1/2 额定负荷至满负荷	≤10	≤20	≤20	≤5	≤0.3
直流炉	12.7～18.3	带负荷至 1/2 额定负荷前	≤20	≤30	—	—	≤0.6
		1/2 额定负荷至满负荷	≤10	≤20	≤20	≤5	≤0.3
	>18.3	带负荷至 1/2 额定负荷前	≤20	≤30	≤30	≤15	≤0.5
		1/2 额定负荷至满负荷	≤5	≤15	≤10	≤5	≤0.3

此外，对蒸汽压力高于 15.6MPa 的汽包炉必须进行洗硅，使蒸汽中的二氧化硅含量不大于 60μg/kg。

1.4.3 机组运行阶段的水、汽质量标准

1. 机组正常运行阶段的水、汽质量

(1) 蒸汽质量。自然循环、强制循环汽包炉或直流炉的饱和蒸汽及过热蒸汽的质量应符合表 1-12 的规定。

表 1-12   蒸 汽 质 量 标 准

过热蒸汽 压力（MPa）	钠（μg/kg）		氢电导率（25℃）（μS/cm）		二氧化硅（μg/kg）		铁（μg/kg）		铜（μg/kg）	
	标准值	期望值	标准值	期望值	标准值	期望值	标准值	期望值	标准值	期望值
3.8～5.8	≤15	—	≤0.30	—	≤20	—	≤20	—	≤5	—
5.9～15.6	≤5	≤2	≤0.15*	≤0.10*	≤20	≤10	≤15	≤10	≤3	≤2
15.7～18.3	≤5	≤2	≤0.15*	≤0.10*	≤20	≤10	≤10	≤5	≤3	≤2
18.4～22.5	≤3	≤2	≤0.15	≤0.10	≤10	≤5	≤5	≤3	≤2	≤1
＞22.5	≤2	≤1	≤0.10	—	≤10	≤5	≤5	≤3	≤2	≤1

* 没有凝结水精处理除盐装置的机组，蒸汽的氢电导率标准值不大于 0.30μS/cm，期望值不大于 0.15μS/cm。

(2) 锅炉给水质量。

a. 给水的硬度、溶解氧、铁、铜、钠、二氧化硅的含量和氢电导率，应符合表 1-13 的规定。

b. 给水的 pH 值、联氨和总有机碳（TOC）应符合表 1-14 的规定。

c. 锅炉给水加氧处理时，pH 值、氢电导率、溶解氧含量和 TOC 应符合表 1-15 的规定。

(3) 凝结水质量。

a. 凝结水的硬度、钠和溶解氧的含量和氢电导率应符合表 1-16 的规定。

b. 凝结水经精处理除盐后水中二氧化硅、钠、铁、铜的含量和氢电导率应符合表 1-17 的规定。

(4) 锅炉炉水质量。汽包炉炉水的处理方式和水质标准可参照表 1-18 控制。

(5) 锅炉补给水质量。锅炉补给水的质量，以不影响给水质量为标准，可参照表 1-19 控制。

(6) 减温水质量。锅炉蒸汽采用喷水混合减温时，其减温水质量，应保证减温后蒸汽中的钠、二氧化硅和铁、铜含量符合表 1-12 的规定。

表 1 - 13　　　　　　　　　　　　　锅 炉 给 水 质 量

炉型	过热蒸汽压力(MPa)	氢电导率*(25℃)(μS/cm) 标准值	期望值	硬度(μmol/L) 标准值	溶解氧**(μg/L) 标准值	铁(μg/L) 标准值	期望值	铜(μg/L) 标准值	期望值	钠(μg/L) 标准值	期望值	二氧化硅(μg/L) 标准值	期望值	氯离子***(μg/L) 标准值	期望值
汽包炉	3.8~5.8	—	—	≤2.0	≤15	≤50	—	≤10	—	—	—	应保证蒸汽二氧化硅符合标准			
	5.9~12.6	≤0.30	—	—	≤7	≤30	—	≤5	—	—	—				
	12.7~15.6	≤0.30	—	—	≤7	≤20	—	≤5	—	—	—				
	>15.6	≤0.15*	≤0.10	—	≤7	≤15	≤10	≤3	≤2	—	—	≤20	≤10	—	
直流炉	5.9~18.3	≤0.15	≤0.10	—	≤7	≤10	≤5	≤3	≤2	≤5	≤2	≤15	≤10	—	
	18.4~22.5	≤0.15	≤0.10	—	≤7	≤5	≤3	≤2	≤1	≤3	≤2	≤10	≤5	—	
	>22.5	≤0.10	≤0.10	—	≤7	≤3	—	≤1	—	≤2	—	≤10	≤5	≤2	≤1

* 没有凝结水精处理除盐装置的机组，给水氢电导率应不大于 0.30μS/cm。

** 加氧处理时，溶解氧指标按表 1 - 15 控制。

*** 应在凝结水精处理混床退出取样前取样测试，每季度不少于 1 次。

表 1 - 14   给水的 pH 值、联氨和 TOC 标准

炉型	锅炉过热蒸汽压力（MPa）	pH 值（25℃）	联氨（$\mu g/L$）	TOC（$\mu g/L$）
汽包炉	3.8～5.8	8.8～9.3	—	—
	5.9～15.6	有铜给水系统：8.8～9.3 无铜给水系统：9.2～9.6*	≤30***	≤500**
	>15.6			≤200**
直流炉	>5.9			≤200

*   对于凝汽器管为铜管、其他换热器管均为钢管的机组，给水 pH 值控制范围为 9.1～9.4。

**   必要时监测。

***   无铜机组可以不加联氨。

表 1 - 15   加氧处理时给水 pH 值、氢电导率、溶解氧的含量和 TOC 标准

锅炉类型	pH* 值（25℃）	氢电导率（25℃）（$\mu S/cm$）	溶解氧（$\mu g/L$）	TOC（$\mu g/L$）
直流炉	8.0～9.0	≤0.15	30～300	≤200
汽包炉**	8.0～9.0	≤0.15	10～80	—

*   采用中性加氧处理的机组，给水的 pH 值控制在 7.0～8.0（无铜给水系统），溶解氧 50～250$\mu g/L$。

**   汽包炉给水加氧处理时，汽包下降管炉水的氢电导率应小于 1.5$\mu S/cm$，溶解氧含量应小于 10$\mu g/L$。

表 1 - 16   凝 结 水 泵 出 口 水 质

锅炉过热蒸汽压力（MPa）	硬度（$\mu mol/L$）	溶解氧*（$\mu g/L$）	钠**（$\mu g/L$）	氢电导率***（25℃）（$\mu S/cm$） 标准值	期望值
3.8～5.8	≤2.0	≤50	—	—	—
5.9～12.6	≤1.0	≤50	—	≤0.30	—
12.7～15.6	≤1.0	≤40	—	≤0.30	≤0.20
15.7～18.3	≈0	≤30	≤5	≤0.20	≤0.15
>18.3	≈0	≤20	≤5	≤0.20	≤0.15

*   直接空冷机组凝结水溶解氧浓度标准值应小于 100$\mu g/L$，期望值小于 30$\mu g/L$。配有混合式凝汽器的间接空冷机组凝结水溶解氧浓度宜小于 200$\mu g/L$。

**   凝结水有精处理除盐装置时，凝结水泵出口的钠浓度可放宽至 10$\mu g/L$。

***   直接空冷机组，凝结水泵出口的氢电导率可放宽至 0.3$\mu S/cm$。

表 1 - 17   凝 结 水 除 盐 后 的 水 质

锅炉过热蒸汽压力（MPa）	氢电导率（25℃）（$\mu S/cm$） 标准值	期望值	钠（$\mu g/L$） 标准值	期望值	铜（$\mu g/L$） 标准值	期望值	铁（$\mu g/L$） 标准值	期望值	二氧化硅（$\mu g/L$） 标准值	期望值	氯离子（$\mu g/L$） 标准值	期望值
≤18.3	≤0.15	≤0.10	≤5	≤2	≤3	≤1	≤5	≤3	≤15	≤10	—	—
18.3～22.5	≤0.15	≤0.10	≤3	≤1	≤2	≤1	≤5	≤3	≤10	≤5	≤3	≤1
>22.5	≤0.10	—	≤1	—	≤2	≤1	≤3	—	≤10	≤5	≤2	≤1

表 1 - 18　　　　　　　　　　汽包炉炉水处理方式和水质标准

处理方式	锅炉汽包压力（MPa）	二氧化硅*（mg/L）	氯离子（mg/L）	电导率（25℃）（μS/cm）	氢电导率（25℃）（μS/cm）	磷酸根（mg/L）	氢氧化钠（mg/L）	pH 值（25℃）
磷酸盐	5.9～10.0	≤2.00	—	<150	—	2～10	—	9.0～10.5
	10.1～12.6	≤2.00	—	< 60	—	2～6	—	9.0～10.0
	12.7～15.8	≤0.45	≤1.5	< 35	—	≤3	<1.0	9.0～9.7
	>15.8	≤0.20	≤0.5	< 20	—	0～3	<1.0	9.0～9.7
氢氧化钠	5.9～12.6	≤2.00	—	—	≤5.0	—	≤1.5	9.2～9.7
	12.7～15.6	≤0.45	≤0.4	<10	≤4.0	—	≤1.5	9.2～9.7
	15.7～18.3	≤0.20	≤0.2	<10	≤2.0	—	≤1.0	9.2～9.5
全挥发	>15.8	≤0.10	≤0.1	—	<1.0	—	—	9.0～9.7

* 炉水中二氧化硅的含量应由锅炉热化学试验确定，这里仅做参考。

表 1 - 19　　　　　　　　　　锅 炉 补 给 水 质 量

锅炉过热蒸汽压力（MPa）	二氧化硅（μg/L）	除盐水箱进水电导率（25℃）（μS/cm）		除盐水箱出口电导率（25℃）（μS/cm）	TOC*（μg/L）
		标准值	期望值		
5.9～12.6	—	≤0.20	—	≤0.40	—
12.7～18.3	≤20	≤0.20	≤0.10		≤400
>18.3	≤10	≤0.15	≤0.10		≤200

* 每年检测不少于一次。

　（7）疏水和生产回水质量。疏水和生产回水质量以不影响给水质量为前提，按表 1 - 20控制。

表 1 - 20　　　　　　　　　　疏水和生产回水质量

名称	硬度（μmol/L）		铁（μg/L）	油（mg/L）
	标准值	期望值		
疏水	≤2.5	≈0	≤50	—
生产回水*	≤5.0	≤2.5	≤100	≤1（经处理后）
>22.5MPa 机组疏水	0	—	10	0

* 生产回水还应根据回水的性质，增加必要的化验项目。

　（8）热网补充水质量。热网补充水质量按表 1 - 21 控制。

表 1 - 21　　　　　　　　　　热网补充水质量标准

溶解氧（μg/L）	总硬度（μmol/L）	悬浮物（mg/L）
<100	<600	<5

（9）闭式循环冷却水质量。闭式循环冷却水的质量可参照表1-22控制。

表1-22 闭式循环冷却水质量

材质	电导率（25℃）（μS/cm）	pH值（25℃）
全铁系统	≤30	≥9.5
含铜系统	≤20	8.0～9.2

（10）水内冷发电机冷却水质量。水内冷发电机冷却水质量按表1-23规定控制。

表1-23 发电机铜线棒的冷却水质量

发电机冷却 水流经的材料	发电机冷却形式	pH值 （25℃）	电导率 （25℃）（μS/cm）	含铜量 （μg/L）	溶氧量 （μg/L）
铜	水—氢—氢 （定子空心铜导线）	8.0～9.0	0.4～2.0	≤20	—
		7.0～9.0	0.4～2.0	≤20	<30
	双水内冷 （定子、转子空心铜导线）	7.0～9.0	<5.0	≤40	—
不锈钢	水—氢—氢 （定子空心不锈钢导线）	6.5～7.5	<1.2	—	—

2. 停（备）用机组启动时的水汽质量

（1）蒸汽质量。机组并汽或汽轮机冲转前的蒸汽质量，可参照表1-24控制，并在机组并网后8h内达到表1-12的规定值。

表1-24 机组启动期间蒸汽质量标准

炉 型	锅炉过热蒸汽 压力（MPa）	氢电导率 （25℃）（μS/cm）	二氧化硅 （μg/kg）	铁 （μg/kg）	铜 （μg/kg）	钠 （μg/kg）
汽包炉*	12.7～18.3	≤1	≤80	≤50	≤15	≤20
直流炉	—	—	≤30	≤50	≤15	≤20

* 锅炉过热蒸汽压力小于12.7MPa的汽包炉，各项指标可适当放宽，但最多不得超过1.5倍。

（2）给水质量。锅炉启动时，给水质量应符合表1-25规定，并在8h内达到正常运行时的标准。

表1-25 机组启动时给水质量标准

炉型	锅炉压力（MPa）	硬度（μmol/L）	铁（μg/L）	溶解氧（μg/L）	二氧化硅（μg/L）
汽包炉*	12.7～18.3	≤5	≤75	≤30	≤80
直流炉		≈0	≤50	≤30	≤30

* 锅炉过热蒸汽压力小于12.7MPa的汽包炉，各项指标可适当放宽，但最多不得超过1.5倍。

（3）凝结水质量。机组启动时，按表1-26规定的标准开始回收凝结水。

表1-26　　　　　　　　　　　**机组启动时凝结水回收质量标准**

外观	硬度（μmol/L）	铁（μg/L）	铜（μg/L）	二氧化硅（μg/L）
无色透明	≤10	≤80	≤30	≤80

（4）疏水质量。机组启动时，应严格监督疏水质量。当高、低压加热器的疏水含铁量小于400μg/L时，可回收。

3. 水汽质量劣化时的处理

当水汽质量劣化时，应迅速检查取样的代表性，化验结果的准确性，并综合分析系统中水、汽质量的变化，确认判断无误后，按三级处理原则执行。三级处理值的含义如下：

（1）一级处理值。有因杂质造成腐蚀、结垢、积盐的可能性，应在72h内恢复至标准值。

（2）二级处理值。肯定有因杂质造成腐蚀、结垢、积盐的可能性，应在24h内恢复至标准值。

（3）三级处理值。正在发生快速腐蚀、结垢、积盐，如果4h内水质不好转，应停炉。

在异常处理的每一级中，如果在规定的时间内尚不能恢复正常，则应采用更高一级的处理方法。在采取措施期间，可采用降压运行的方式，使其监督指标处于标准值的范围内。

凝结水（凝结水泵出口）水质异常时的处理值符合表1-27的规定。锅炉给水水质异常时的处理值，符合表1-28的规定。

表1-27　　　　　　　　　　　**凝结水水质异常时的处理**

项目		标准值	处 理 等 级		
			一级	二级	三级
氢电导率（25℃）（μS/cm）	有精处理除盐	≤0.30	>0.30*	—	—
	无精处理除盐	≤0.30	>0.30	>0.40	>0.65
钠**（μg/L）	有精处理除盐	≤10	>10	—	—
	无精处理除盐	≤5	>5	>10	>20

*　主蒸汽压力大于18.3MPa的直流炉，凝结水氢电导率标准值为不大于0.20μS/cm，一级处理为大于0.20μS/cm。

**　用海水冷却的电厂，当凝结水中的含钠量大于400μg/L时，应紧急停机。

表 1 - 28　　　　　　　　　　锅炉给水水质异常时的处理

项目	前提条件	标准值	处理等级		
			一级	二级	三级
pH* 值（25℃）	无铜给水系统**	9.2～9.6	＜9.2	—	—
	有铜给水系统	8.8～9.3	＜8.8 或＞9.3	—	—
氢电导率（25℃）（μS/cm）	无精处理除盐	≤0.30	＞0.30	＞0.40	＞0.65
	有精处理除盐	≤0.15	＞0.15	＞0.20	＞0.30
溶解氧（μg/L）	还原性全挥发处理	≤7	＞7	＞20	—

* 直流炉给水 pH 值低于 7.0，按三级处理等级处理。

** 对于凝汽器管为铜管、其他换热器管均为钢管的机组，给水 pH 标准值为 9.1～9.4，则一级处理为小于 9.1 或大于 9.4。

锅炉炉水水质异常时的处理值，符合表 1 - 29 的规定。

表 1 - 29　　　　　　　　　　锅炉给水水质异常时的处理值

项目		标准值	处理值		
			一级	二级	三级
pH 值*（25℃）	全铁系统	9.0～9.6	8.7～9.0 或 9.6～9.8	—	—
	铁铜系统	8.8～9.3	8.5～8.8 或 9.3～9.6	—	—
氢电导率（25℃）（μS/cm）		≤0.2	＞0.2	＞0.3	＞0.85
		≤0.3	＞0.3	＞0.4	＞0.85
溶解氧（μg/L）		≤7	＞7	＞20	—
		≤10	＞10	＞20	—

* 应通过加药或排污控制在一级处理的范围内。

当出现水质异常情况时，还应测定炉水中的含氯量、含钠量、电导率和碱度，以便查明原因，采取对策。

1.4.4　循环冷却水的水质标准

间冷开式系统循环冷却水水质指标应符合表 1 - 30 的规定，闭式系统循环冷却水水质指标应符合表 1 - 31 的规定，直冷系统循环冷却水水质指标应符合表 1 - 32 的规定，再生水用作间冷开式系统循环冷却水补充水时，水质指标应符合表 1 - 33 的规定。

表 1 - 30　　　　　　　　　　间冷开式系统循环冷却水水质指标

项目	单位	要求或使用条件	许用值
浊度	NTU	根据生产工艺要求确定	≤20
		换热设备为板式、翅片式、螺旋板式	≤10
pH 值	—	—	6.8～9.5

项目	单位	要求或使用条件	许用值
钙硬度＋甲基橙碱度（以 $CaCO_3$ 计）	mg/L	碳酸钙稳定指数 RSI≥3.3	≤1100
		传热面水侧壁温大于70℃	钙硬度小于200
总 Fe	mg/L	—	≤1.0
Cu^{2+}	mg/L	—	≤0.1
Cl^-	mg/L	碳钢、不锈钢换热设备，水走管程	≤1000
		不锈钢换热设备，水走壳程传热面，水侧壁温不大于70℃，冷却水出水温度小于45℃	≤700
$SO_4^{2-}+Cl^-$	mg/L	—	≤2500
硅酸（以 SiO_2 计）	mg/L	—	≤175
$Mg^{2+}×SiO_2$（Mg^{2+} 以 $CaCO_3$ 计）	mg/L	pH 值≤8.5	≤50 000
游离氯	mg/L	循环回水总管处	0.2～1.0
NH_3-N	mg/L	—	≤10
石油类	mg/L	非炼油企业	≤5
		炼油企业	≤10
COD_{Cr}	mg/L	—	≤100

表 1-31　　　　　　　　　　　　闭式系统循环冷却水水质指标

适用对象	水 质 指 标		
	项目	单位	许用值
钢铁厂闭式系统	总硬度	mg/L	≤2
火力发电厂发电机内冷水系统	电导率（25℃）	μS/cm	≤2*
	pH 值（25℃）	—	7.0～9.0
	含铜量	μg/L	≤40
各行业闭式系统	电导率（25℃）	μS/cm	≤10**
	pH 值（25℃）	—	8.0～9.0

*　循环冷却水投加阻垢缓蚀剂后，电导率将比表中数值升高。

**　钢铁厂闭式系统的补充水为软化水，其余两系统为除盐水。

表 1-32　　　　　　　　　　　　直冷系统循环冷却水水质指标

项目	单位	适 用 对 象	许用值
pH 值	—	高炉煤气清洗水	6.5～8
		合成氨厂造气洗涤水	7.5～8.5
		炼钢真空处理、轧钢、轧钢层流水、轧钢除磷给水及连铸二次冷却水	7～9
		转炉煤气清洗水	9～12

项目	单位	适 用 对 象	许用值
电导率	μS/cm	高炉转炉煤气清洗水	≤3000
		炼钢、轧钢直接冷却水	≤2000
悬浮物	mg/L	连铸二次冷却水及轧钢直接冷却水、挥发窑窑体表面清洗水	≤30
		炼钢真空处理冷却水	≤50
		高炉转炉煤气清洗水、合成氨厂造气洗涤水	≤100
碳酸盐硬度（以 CaCO₃ 计）	mg/L	转炉煤气清洗水	≤100
		合成氨厂造气洗涤水	≤200
		连铸二次冷却水	≤400
		炼钢真空处理、轧钢、轧钢层流水及轧钢除磷给水	≤500
Cl⁻	mg/L	轧钢层流水	≤300
		轧钢、轧钢除磷给水及连铸二次冷却水、挥发窑窑体表面清洗水	≤500
硫酸盐（以 SO₄²⁻ 计）	mg/L	高炉转炉煤气清洗水	≤2000
		炼钢、轧钢直接冷却水	≤1500
油类	mg/L	轧钢层流水	≤5
		轧钢、轧钢除磷给水及连铸二次冷却水	≤10

表 1-33   用作间冷开式系统循环冷却水补充水的再生水质指标

序号	项目	单位	水质控制指标
1	pH 值（25℃）	—	7.0～8.5
2	悬浮物	mg/L	≤10
3	浊度	NTU	≤5
4	BOD₅	mg/L	≤5
5	COD$_{Cr}$	mg/L	≤30
6	铁	mg/L	≤0.5
7	锰	mg/L	≤0.2
8	Cl⁻	mg/L	≤250
9	钙硬度（以 CaCO₃ 计）	mg/L	≤250
10	甲基橙碱度（以 CaCO₃ 计）	mg/L	≤200
11	NH₃-N	mg/L	≤5
12	总磷（以 P 计）	mg/L	≤1
13	溶解性总固体	mg/L	≤1000
14	游离氯	mg/L	末端 0.1～0.2
15	石油类	mg/L	≤5
16	细菌总数	个/mL	<1000

1.5 电厂用水水质分析的意义

为了确保电厂的安全，在电厂锅炉运行过程中需对蒸汽、炉水、给水、汽轮机凝结水、发动机冷却水和循环冷却水进行监督。

1.5.1 蒸汽

蒸汽质量监督的目的是防止蒸汽品质劣化和避免蒸汽携带物在过热器中的沉积。监督项目主要是含钠量和含硅量。

（1）含钠量。由于蒸汽中的盐类成分主要是钠盐，蒸汽含钠量在一定程度上反映了含盐量，所以含钠量是蒸汽监督指标之一，而且为随时掌握蒸汽品质的变化情况，还应投入在线检测仪表，进行连续在线监测。

（2）含硅量。若蒸汽中的硅酸含量超标，就会在汽轮机内沉积难溶于水的二氧化硅，对汽轮机的安全运行有较大影响，故含硅量也是蒸汽品质的指标之一。

1.5.2 炉水

为了防止锅内结垢、腐蚀和产生蒸汽品质不良等问题，必须对锅炉水水质进行监督。水质监测项目主要有以下几项：

（1）磷酸根。天然水中一般不含有磷酸根，但为了消除锅炉给水带入汽包的残留硬度，或为了防止汽包内壁的腐蚀，可向炉内加入一定量的磷酸盐。但是炉水中的磷酸根浓度不能太高，过高时会产生 $Mg_3(PO_4)_2$ 水垢，导致炉水溶解固形物增加。因此，磷酸根是炉水的一项控制指标。

（2）含盐量（或含钠量）和含硅量。限制炉水中的含盐量（或含钠量）和含硅量是为了保证蒸汽品质。炉水的最大允许含盐量（或含钠量）和含硅量不仅与锅炉的参数、汽包内部装置的结构有关，而且还与运行工况有关，不能统一规定，每台锅炉都应通过热化学试验来决定。

（3）碱度。炉水的碱度太大时，可能引起水冷壁的碱性腐蚀和应力腐蚀（在炉管热负荷较高的情况下，较易发生这种现象）。此外，还可能使炉水产生泡沫而影响蒸汽品质。因此，对以软化水作为补给水的锅炉，炉水的碱度也应当加以监督。对于铆接或胀接锅炉，为了防止苛性脆化，应监督炉水的相对碱度。

1.5.3 给水

严格控制锅炉给水的水质是防止热力系统设备的结垢、腐蚀和积盐的必要措施，对锅炉安全、经济运行有着重要的意义。对锅炉给水水质进行严格监督的目的主要有：

（1）防止结垢。如果进入锅炉的水质不符合标准，又未及时正确处理，则经一段时间运行后，在与水接触的受热面上，会生成一层固体的附着物——水垢。由于水垢的导热性能较差（与金属相差几百倍），所以使得结垢部位温度过高，引起金属强度下降，局部变形，产生鼓泡，严重的还会引起爆裂事故，危及安全运行；结垢还会大大降低锅炉运行的经济性，如在省煤器中结有 1mm 厚水垢，燃料就需多耗 1.5%～2.0%；结垢会使汽轮机凝汽器内真空度降低，从而使汽轮机的热效率和出力降低。严重时，甚至要被迫停产进行检修。因此，控制水质防止结垢十分重要。

（2）防止腐蚀。锅炉给水水质不良，会造成省煤器水冷壁、给水管道、各加热器、过热器及汽轮机冷凝器等的腐蚀。腐蚀不仅要缩短设备的使用寿命，造成经济损失，同时腐蚀产物会转入水中污染水质，从而加剧受热面上的结垢，结垢又促进垢下腐蚀，造成腐蚀和结垢的恶性循环。

（3）防止积盐。锅炉给水中的超量杂质和盐分，随蒸汽带出而沉积于过热器和汽轮机中，这种现象称为积盐。过热器的积盐会引起金属管壁过热，甚至爆裂；汽轮机内积盐会降低出力和效率，严重的会造成事故。

检测给水水质标准中各水质项目的意义如下：

（1）硬度。为了防止锅炉和给水系统中生成钙、镁水垢，以及避免增加锅内磷酸盐处理的用药量和使锅炉水中产生过多的水渣，所以应监督给水硬度。

（2）油。如果给水中含有油且被带进锅炉内，会产生以下危害：①油质附着在炉管壁上并受热分解生成一种导热系数很小的附着物，会危及炉管的安全。②会使锅炉水中生成漂浮的水渣和促进泡沫的形成，容易引起蒸汽品质的劣化。③含油的细小水滴若被蒸汽携带到过热器中，会因生成附着物而导致过热器的过热损坏。因此，对锅炉给水中的含油量必须予以监督。

（3）溶解氧。为了防止给水系统和锅炉省煤器等发生氧腐蚀，同时为了监督除氧器运行效果，所以应监督给水中的溶解氧。

（4）联氨。给水中加联氨时，应监督给水中的过量联氨，以确保完全消除热力除氧后残留的溶解氧，并消除因发生给水泵不严密等异常情况时偶然漏入给水中的氧。

（5）总二氧化碳。给水中各种碳酸化合物的总含量，称为总二氧化碳量。碳酸化合物随给水进入锅炉内后，全部分解而放出二氧化碳，这些二氧化碳会被蒸汽带出。蒸汽中二氧化碳较多时，即使进行水的加氨处理，热力系统中某些设备和管路仍会发生腐蚀，并导致铜、铁腐蚀产物的含量较大。为了避免发生上述不良后果，必须监督给水中的总二氧化碳量。

（6）全铁和全铜。为了防止在锅炉中产生铁垢和铜垢，必须监督给水中的铁和铜的含量。给水中铜和铁的含量，还可以作为评价热力系统金属腐蚀情况的依据之一。

(7) 含盐量（或含钠量）、含硅量及碱度。为了保证炉水的含盐量（或含钠量）、含硅量及碱度不超过允许值，并使锅炉排污率不超过规定值，应监督给水的含盐量（或含钠量）、含硅量及碱度。

1.5.4 汽轮机凝结水

汽轮机凝结水水质标准中各项目监督的意义如下：

(1) 硬度。冷却水漏入或渗入凝结水，使凝结水中含有钙、镁盐类。为了防止凝结水中的钙、镁盐量过大，导致给水硬度不合格，所以对凝结水的硬度应该进行监督。

(2) 溶解氧。在凝汽器和凝结水泵的不严密处漏入空气，是凝结水中含有溶解氧的主要原因。凝结水含氧量较大时，会引起凝结水系统的腐蚀，还会使随凝结水进入给水的腐蚀产物增多，影响给水水质。所以应监督凝结水的溶解氧。

(3) 电导率。对于汽轮机凝结水水质，除应测定上述标准中规定的指标外，为了能及时发现凝汽器的泄漏，还应测定凝结水的电导率。如发现电导率比正常测定值大得多时，则表明凝汽器发生了泄漏，因此各台机组都应安设连续测定凝结水电导率的装置。为了提高测定的灵敏度，通常将凝结水样品通过强酸氢离子交换柱后，用工业电导仪连续测定，即监测氢的电导率。

1.5.5 疏水箱的疏水

锅炉及热力系统中有些疏水，先汇集在疏水箱中，然后定时送入锅炉中的给水系统。为了保证给水水质，这种疏水在送入给水系统以前，应监督其水质。按规定，疏水的含铁量应不大于 $100\mu g/L$，硬度应不大于 $5\mu g$ 当量/L。若发现其水质不合格，必须对进入该疏水箱的各路疏水分别取样进行测定，找出不合格的水源。

1.5.6 返回凝结水

从热用户返回的凝结水，收集于返回水箱中。为了保证给水水质，应定时取样检查，监督此水箱中的水质，确认其水质符合规定后，方可送入锅炉的给水系统。按规定，返回水的含铁量应不大于 $100\mu g/L$，硬度应不大于 $5\mu g$ 当量/L，含油量应不大于 $1mg/L$。当热电厂内设有返回凝结水的除油、除铁处理的设备时，返回水经处理后应监督其水质，符合上述规定后，方可送入给水系统。

1.5.7 循环冷却水

水在循环冷却过程中，由于水分的蒸发、溶解盐类浓缩、二氧化碳的逸出、外界污染物的进入等原因，会产生结垢、腐蚀及菌藻繁殖等现象，将影响循环水系统的正常运行，甚至引起生产工艺上的失调。实际生产中为了避免上述现象的发生，必须对冷却水进行检测并采取相应的水质控制措施。

1.6　电厂用水水质分析频率

电厂用水水质分析包括在线化学仪表监督和人工采样分析两部分。

在线化学仪表监督中，不同参数机组应配备的仪表见表1-34。

表1-34　　　　　　　　不同参数机组的在线化学仪表配置

机组参数	测　点					
	补给水	凝结水	给水	炉水	主蒸汽	发电机内冷水
13.7MPa及以上机组	电导率表	电导率表 溶氧表 钠表*	pH表 溶氧表 电导率表	pH表 电导率表	钠表 硅表 电导率表	电导率表 pH值表
9.8～13.7MPa 以上机组	电导率表	电导率表 溶氧表	pH表 溶氧表 电导率表	pH表 电导率表	电导率表	
9.8MPa及以下机组	电导率表	电导率表 溶氧表	溶氧表	自定	电导率表	

注　1. 凝结水、给水、主蒸汽的电导率表应加装氢型离子交换柱。

　　2. 采用低磷处理工艺的锅炉应配备在线磷表。

　　3. 采用加氧的热力系统应增加溶氧表的配置点（如除氧器入口、汽包炉的下降管等点）。

　　4. 凝结水精处理出口应配备电导率表。

　　5. 必要时炉水宜增加氢电导率的测定。

＊　对于13.7MPa以上机组，如采用海水冷却时，其凝结水应考虑装钠表。

对于人工分析项目应明确分析测定间隔时间。通常情况下，机组运行过程的人工监控项目应每班测定1～2次。水汽系统铜、铁的测定每月不少于4次，水质全分析每年不少于4次。运行中发现异常、机组启动或原水水质变化时，应根据具体情况，增加测定次数和项目。

循环冷却水的常规检测项目及检测频率见表1-35。

表1-35　　　　　　　　循环冷却水的常规检测项目及检测频率

序号	项目	间冷开式系统	间冷闭式系统	直冷系统
1	pH值	每天1次	每天1次	每天1次
2	电导率	每天1次	每天1次	可抽检
3	浊度	每天1次	每天1次	每天1次
4	悬浮物	每月1～2次	不检测	每天1次
5	总硬度	每天1次	每天1次或抽检	每天1次
6	钙硬度	每天1次	每天1次或抽检	每天1次

序号	项目	间冷开式系统	间冷闭式系统	直冷系统
7	总碱度	每天1次	每天1次或抽检	每天1次
8	氯离子	每天1次	每天1次或抽检	每天1次或抽检
9	总铁	每天1次	每天1次	不检测
10	异养菌总数	每天1次	每周1次	不检测
11	油含量*	可抽检	不检测	每天1次
12	药剂浓度	每天1次	每天1次	不检测
13	游离氯	每天1次	视药剂而定	可不测

* 油含量检测仅对炼钢轧钢装置的直冷系统；对炼油装置的间冷开式系统，视具体情况定。

2 水质分析一般原则

2.1 水质全分析总则

水质分析时，应做好分析前的准备工作。根据试验要求和测定项目，选择适当的分析方法，准备好分析仪器和化学试剂，再进行测定。测定时应注意下列事项。

（1）采集水样前，对盛水容器进行严格清洗。依次用洗涤剂洗涤 1 次，用自来水洗涤 2 次，用（1+3）硝酸荡洗 1 次，用自来水洗涤 3 次，用蒸馏水洗涤 1 次。

（2）开启水样瓶封口时，应先观察并记录水样颜色、透明程度、沉淀物的数量及其他特征。

（3）透明水样开瓶应先辨别气味，尽快测定 pH 值、氨、化学耗氧量、碱度、亚硝酸盐、亚硫酸盐等易变项目。再测定全固体、溶解固体、悬浮物和二氧化硅、铁、铜、铝、钙、镁、硬度、硫酸盐、氯化物、磷酸盐、硝酸盐等项目。结合学校选定的水质分析指标和实践环节的时间为连续 2 周的实际情况，可将本实践环节作以下安排：第 1 天，课堂讲授，主要讲述本课程的进度安排、实验方法及注意事项、实验数据处理方法、分析结果校核方法等；第 2 天，清洗盛水容器，准备第 3 天的实验器材；第 3 天，采集水样，分析 pH 值、电导率、浊度、碱度、游离二氧化碳和溶解氧；第 4 天分析化学耗氧量；第 5 天分析钙离子和硬度；第 6 天分析钠离子、硫酸根和氯离子；第 7 天分析铁离子；第 8 天分析全硅、活性硅。

（4）浑浊水样应取 2 瓶水样，其中 1 瓶取上层澄清液测定 pH 值、残余氯、碱度、亚硝酸盐和亚硫酸盐等易变项目，过滤后测定碱度、氯化物等项目。将另 1 瓶浑浊的水样混匀后立即测定化学耗氧量，并测定全固体、悬浮固体、溶解固体、二氧化硅、铁、氯、铜、钙、镁、pH 值等项目。

（5）水质分析的结果必须进行校核，只有当误差符合规定要求时，才能出具水质分析的报告。当误差超过规定时，应查找原因后重新测定，直到符合要求。

2.2 实验数据的有效数字及其运算规则

在水质分析中，分析结果所表达的不仅仅是试样中待测组分的含量，同时还反映了测量的准确程度。因此，在实验数据的记录和结果的计算中，保留几位数字不是任意的，要根据测量仪器、分析方法的准确度来决定，这就涉及有效数字的概念。

2.2.1　有效数字

用来表示量的多少，同时反映测量准确程度的各数字称为有效数字。具体来说，有效数字就是指在分析工作中实际上能测量到的数字。

在实验中，任何一个物理量的测定，其准确度都是有一定限度的。例如用分析天平称量同一试样的质量，甲得到 9.4234g，乙得到 9.4235g，丙得到 9.4236g。这些 5 位数字中，前 4 位数字都是很准确的，第 5 位数字称为可疑数字，但它并不是臆造的，所以记录数据时应保留它。这 5 位数字都是有效数字，对于可疑数字，除非特别说明，通常可理解它可能有 ±1 个单位的误差。

有效数字的位数，直接影响测定的相对误差。在测量准确度的范围内，有效数字位数越多，表明测量越准确，但超过了测量准确度的范围，过多的位数是没有意义的，而且是错误的。确定有效数字位数时应遵循以下几条原则。

（1）1 个量值只保留 1 位不确定的数字，在记录测量值时必须记 1 位不确定的数字，且只能记 1 位。

（2）数字 0~9 都是有效数字，当 0 只是作为定小数点位置时不是有效数字。例如，1.0080 是 5 位有效数字，0.0035 则是 2 位有效数字。

（3）不能因为变换单位而改变有效数字的位数。例如，0.0216g 是 3 位有效数字，用毫克（mg）表示时应为 21.6mg，用微克（μg）表示时则应写成 $2.16 \times 10^4 \mu$g，但不能写成 21600μg，因为这样表示比较模糊，有效数字位数不确定。

（4）在水质分析计算中，常遇到倍数、分数关系。这些数据都是自然数而不是测量所得到的，因此它们的有效数字位数可以认为没有限制。

（5）在水质分析中还经常遇到 pH、pM、lgK 等对数值，其有效数字位数取决于小数部分（尾数）数字的位数，因整数部分（首数）只代表该数的方次。例如，pH＝8.28，换算为 H^+ 浓度时，应为 $[H^+] = 5.2 \times 10^{-8} mol \cdot L^{-1}$，有效数字的位数是 2 位，不是 3 位。

2.2.2　有效数字的修约规则

在数据处理过程中，涉及各测量值的有效数字位数可能不同，因此需要按下面所述的计算规则，确定各测量值的有效数字位数。各测量值的有效数字位数确定之后，就要将它后面多余的数字舍弃。修约的原则是既不因保留过多的位数使计算复杂，也不因舍掉任何位数使准确度受损。舍弃多余数字的过程称为"数字修约"，按照国家标准采用"四舍六入五成双"规则。

"四舍六入五成双"规则规定，当测量值中被修约的数字等于或小于 4 时，该数字舍去；等于或大于 6 时，则进位；等于 5 时，要看 5 前面的数字，若是奇数则进位，若是偶数将 5 舍掉，即修约后末位数字都成为偶数；若 5 的后面还有不是

"0"的任何数,则此时无论 5 的前面是奇数还是偶数,均应进位。根据这一规则,将下列测量值修约为四位有效数字时,结果应为

$$0.364\ 74 \Rightarrow 0.3647$$

$$0.364\ 75 \Rightarrow 0.3648$$

$$0.364\ 76 \Rightarrow 0.3648$$

$$0.364\ 85 \Rightarrow 0.3648$$

$$0.364\ 851 \Rightarrow 0.3649$$

修约数字时,只允许对原测量值一次修约到所要求的位数,不能分几次修约。例如将 0.1649 修约为 2 位有效数字,不能先修约为 0.165,再修约为 0.17,而应一次修约为 0.16。

2.2.3　运算规则

不同位数的几个有效数字在进行运算时,所得结果应保留几位有效数字与运算的类型有关。

1. 加减法

几个数据相加或相减时,有效数字位数的保留,应以小数点后位数最少的数据为准,其他的数据均修约到这一位。其根据是小数点后位数最少的那个数的绝对误差最大。例如

$$0.0161 + 30.62 + 1.062\ 74 = ?$$

由于每个数据中最后一位数有 ±1 的绝对误差。即 0.0161 ± 0.0001,30.62 ± 0.01,$1.062\ 74 \pm 0.000\ 01$,其中以小数点后位数最少的 30.62 的绝对误差最大。在加合的结果中总的绝对误差取决于该数,所以有效数字位数应以它为准,先修约再计算,即

$$0.02 + 30.62 + 1.06 = 31.70$$

2. 乘除法

几个数据相乘除时,有效数字的位数应以几个数中有效数字最少的那个数据为准。其根据是有效数字位数最少的那个数的相对误差最大。例如

$$0.0161 \times 30.62 \times 1.062\ 74 = ?$$

这 3 个数的相对误差分别为

$$\pm \frac{1}{161} \times 100\% = \pm 0.6\%$$

$$\pm \frac{1}{3062} \times 100\% = \pm 0.3\%$$

$$\pm \frac{1}{106\ 274} \times 100\% = \pm 0.0009\%$$

　　因 0.0161 的相对误差最大，所以应以该数的位数为标准将其他各数均修约为 3 位有效数字，然后相乘，即

$$0.0161 \times 30.6 \times 1.06 = 0.522$$

　　在乘除法的运算中，经常会遇到 9 以上的大数，如 9.00、9.86 等。它们的相对误差的绝对值约为 0.1%，与 10.06 和 12.08 这些 4 位有效数字的数值的相对误差绝对值接近，所以通常将它们当做 4 位有效数字的数值处理。

　　在计算过程中，为提高计算结果的可靠性，可以暂时多保留 1 位数字，而在得到最后结果时，则应舍弃多余的数字，使最后计算结果恢复与准确度相适应的有效数字位数。现在由于普遍使用计算器运算，虽然在运算过程中不必对每一步的计算结果进行修约，但应注意根据其准确度要求，正确保留最后计算结果的有效数字位数。

　　在计算分析结果时，高含量（大于 10%）组分的测定，一般要求 4 位有效数字；含量在 1%～10% 的一般要求 3 位有效数字；含量小于 1% 的组分只要求 2 位有效数字。分析中的各类误差通常取 1～2 位有效数字。

2.3　标准曲线的绘制及分析结果的计算

　　标准曲线的绘制及分析结果的计算一般需利用 Microsoft Office Excel 软件，以下以分光光度法测定水样硫酸盐含量的一组实验数据为例，详细阐述如何利用 Microsoft Office Excel 软件进行数据处理。

　　分光光度法测定水样硫酸盐含量实验数据见表 2-1。

表 2-1　　　　　　　　　　分光光度法测定水样硫酸盐含量实验数据

测定项目	标　准　系　列					水样
浓度（mg/L）	0	5	15	25	35	—
吸光度（A）	0.017	0.053	0.163	0.283	0.393	0.085

　　第一步：打开 Excel 软件，输入标准系列实验数据（见图 2-1）。

　　第二步：单击鼠标左键，拖动鼠标，选中所输入数据（见图 2-2）。

　　第三步：单击"插入"（见图 2-3）。

　　第四步：选择"散点图"中的第一个图形（见图 2-4 和图 2-5）。

　　第五步：单击鼠标右键（见图 2-6）。

　　第六步：选择"添加趋势线"，在"趋势线选项"的"回归分析类型"选中"线性"，再选中"显示公式"和"显示 R 平方值"，最后按"关闭"（见图 2-7 和图 2-8）。

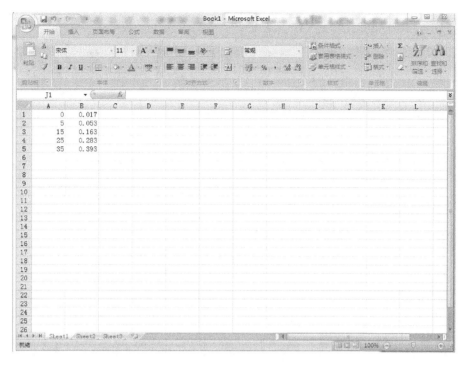

图 2-1　打开 Excel 软件

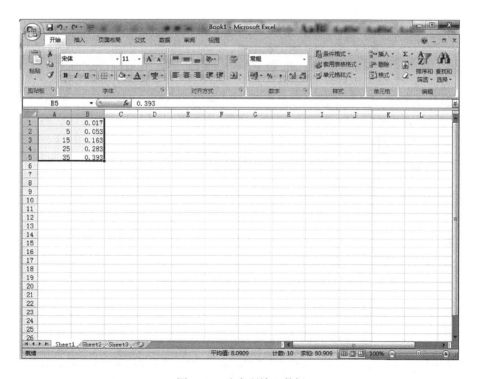

图 2-2　选中所输入数据

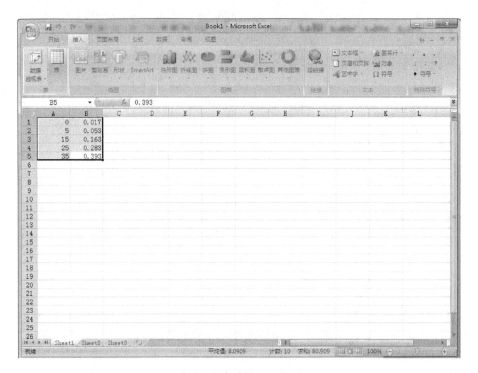

图 2-3 单击"插入"

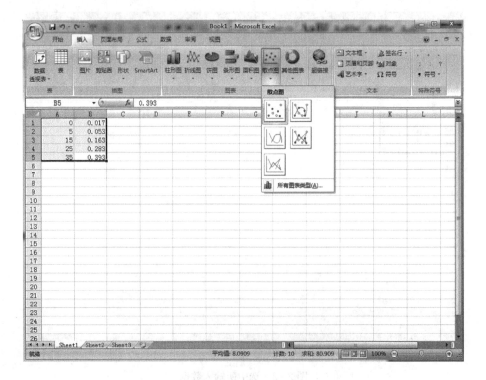

图 2-4 选择"散点图"中的第一个图形

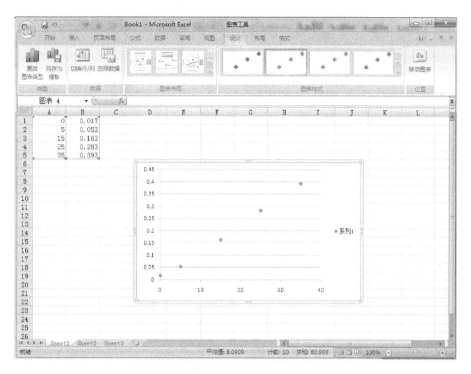

图 2-5　生成图形

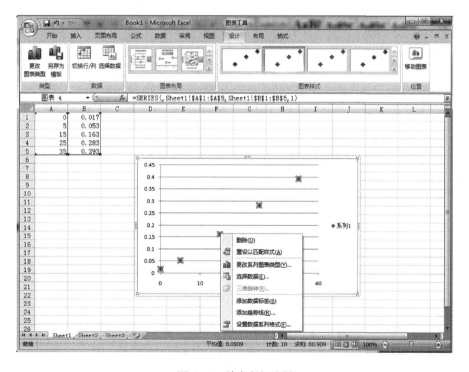

图 2-6　单击鼠标右键

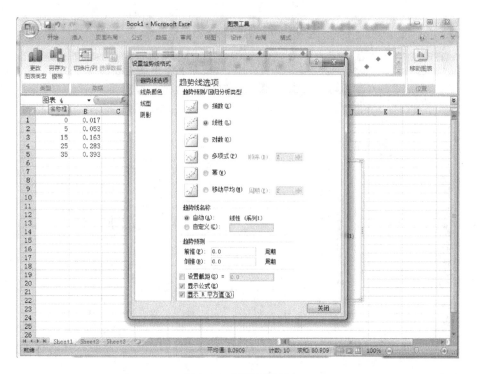

图 2-7　添加趋势线

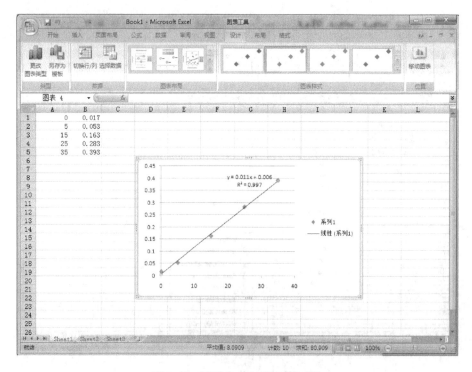

图 2-8　显示公式和 "R 平方值"

得到公式和 R 平方值为 $y=0.011x+0.006$（$R^2=0.997$）。将水样吸光度 $y=0.085$ 代入得，$x=7.18\text{mg/L}$。即此水样硫酸盐含量为 7.18mg/L。

2.4 水质全分析结果的校核

2.4.1 校核原理

水质全分析的结果应进行必要的校核。分析结果的校核分为数据检查和技术校核两方面。数据检查是为了保证数据不出差错；技术校核是根据分析结果中各成分的相互关系，检查是否符合水质组成的一般规律，从而判断分析结果是否准确。

2.4.2 阳离子和阴离子物质的量总数的校核

根据物质电中性原则，水中正负电荷的总和相等。因此，水中各种阳离子和各种阴离子的物质的量总数必然相等，即

$$\sum c_1 = \sum c_2 \tag{2-1}$$

式中：$\sum c_1$ 为各种阳离子物质的量浓度之和，mmol/L；$\sum c_2$ 为各种阴离子物质的量浓度之和，mmol/L。

当水样中阴阳离子的总含量大于 5.00mmol/L 时，$\sum c_1$ 与 $\sum c_2$ 的差（δ）应小于 2%，即

$$\delta = \left| \frac{\sum c_1 - \sum c_2}{\sum c_1 + \sum c_2} \right| \times 100\% < 2\% \tag{2-2}$$

校核过程中还应注意以下几点：

（1）分析结果均应换算成以毫摩尔/升（mmol/L）表示。各种离子的浓度单位，mg/L 与 mmol/L 的换算系数见表 2-2。

（2）如钠钾离子是根据阴、阳离子差值而求得的，则式（2-2）不能应用。钾的含量可根据多数天然水中钠和钾的比例 7:1（摩尔比）近似估算。

（3）如果 δ 超过 2% 则表示分析结果不正确，或者分析项目不全面。

表 2-2　　　　　　毫克/升（mg/L）与毫摩尔/升（mmol/L）换算系数

离子名称（基本单元）	将 mmol/L 换算成 mg/L 的系数	将 mg/L 换算成 mmol/L 的系数	离子名称（基本单元）	将 mmol/L 换算成 mg/L 的系数	将 mg/L 换算成 mmol/L 的系数
$Al^{3+}\left(\frac{1}{3}Al^{3+}\right)$	8.994	0.1112	$CrO_4^{2-}\left(\frac{1}{2}CrO_4^{2-}\right)$	58.00	0.017 24
$Ba^{2+}\left(\frac{1}{2}Ba^{2+}\right)$	68.67	0.014 56	$F^-\ (F^-)$	19.00	0.052 64
$Ca^{2+}\left(\frac{1}{2}Ca^{2+}\right)$	20.04	0.049 90	$HCO_3^-\ (HCO_3^-)$	61.02	0.016 39

离子名称 （基本单元）	将 mmol/L 换算 成 mg/L 的系数	将 mg/L 换算成 mmol/L 的系数	离子名称 （基本单元）	将 mmol/L 换算 成 mg/L 的系数	将 mg/L 换算成 mmol/L 的系数
$Cu^{2+}\left(\frac{1}{2}Cu^{2+}\right)$	31.77	0.031 47	$Sr^{2+}\left(\frac{1}{2}Sr^{2+}\right)$	43.81	0.022 83
$Fe^{2+}\left(\frac{1}{2}Fe^{2+}\right)$	27.92	0.035 81	$Zn^{2+}(Zn^{2+})$	32.69	0.3059
$Fe^{3+}\left(\frac{1}{3}Fe^{3+}\right)$	18.62	0.053 72	$Br^-(Br^-)$	79.90	0.012 52
$Cl^-(Cl^-)$	35.45	0.028 21	$Mn^{2+}\left(\frac{1}{2}Mn^{2+}\right)$	27.47	0.036 40
$CO_3^{2-}\left(\frac{1}{2}CO_3^{2-}\right)$	30.00	0.033 33	$Na^+(Na^+)$	22.99	0.043 50
$HSO_3^-(HSO_3^-)$	81.07	0.012 33	$NH_4^+(NH_4^+)$	18.04	0.055 44
$HSO_4^-(HSO_4^-)$	97.07	0.010 30	$NO_3^-(NO_3^-)$	62.00	0.016 13
$I^-(I^-)$	126.9	0.007 880	$OH^-(OH^-)$	17.01	0.058 80
$NO_2^-(NO_2^-)$	46.01	0.021 74	$PO_4^{3-}\left(\frac{1}{3}PO_4^{3-}\right)$	31.66	0.031 59
$H_2PO_4^-$ $(H_2PO_4^-)$	96.99	0.010 31	$S^{2-}\left(\frac{1}{2}S^{2-}\right)$	16.03	0.062 38
$HS^-(HS^-)$	33.07	0.030 24	$SiO_3^{2-}\left(\frac{1}{2}SiO_3^{2-}\right)$	38.04	0.026 29
$H^+(H^+)$	1.008	0.9921	$HSiO_3^-(HSiO_3^-)$	77.10	0.012 98
$K^+(K^+)$	39.10	0.025 58	$SO_3^{2-}\left(\frac{1}{2}SO_3^{2-}\right)$	40.03	0.024 98
$Li^+(Li^+)$	6.941	0.1441	$SO_4^{2-}\left(\frac{1}{2}SO_4^{2-}\right)$	48.03	0.020 82
$Mg^{2+}(Mg^{2+})$	12.15	0.082 29	$HPO_4^{2-}\left(\frac{1}{2}HPO_4^{2-}\right)$	47.99	0.020 84

注 由 SiO_2 换算成 SiO_3^{2-} 的系数为 1.266。

2.4.3 总含盐量与溶解固体的校核

水的总含盐量是水中阳离子和阴离子浓度（mg/L）的总和，即

$$总含盐量 = \sum A_1 + \sum A_2 \tag{2-3}$$

式中：A_1 为阳离子浓度之和，mg/L；A_2 为阴离子浓度之和，mg/L。

通常溶解固体（TDS）的含量可以代表水中的总含盐量。若测定溶解固体含量时有二氧化碳等气体损失，用溶解固体含量来检查总含盐量时，还需校正。

1. 碳酸氢根浓度的校正

在溶解固体的测定过程中发生如下反应：

$$2HCO_3^- \rightarrow CO_3^{2-} + CO_2 \uparrow + H_2O \uparrow \tag{2-4}$$

由于 HCO_3^- 变成 CO_2 和 H_2O 挥发损失掉，其损失量约为

$$\frac{CO_2 + H_2O}{2HCO_3^{2-}} = \frac{62}{122} \approx \frac{1}{2}$$

如忽略其他组分的影响，则

$$总含盐量 = TDS + \frac{1}{2}[HCO_3^-]$$

2. 其他部分的校正

溶解固体除包括阳离子和阴离子浓度的总和外，还包括胶体硅酸等，因而需要校正，即

$$RG = (SiO_2)_t + \sum B_1 + \sum B_2 - \frac{1}{2}HCO_3^- \tag{2-5}$$

$$(RG)_j = RG - (SiO_2)_t + \frac{1}{2}HCO_3^- \tag{2-6}$$

式中：$(SiO_2)_t$ 为全硅含量（过滤水样），mg/L；$\sum B_1$ 为阳离子浓度之和，mg/L；$\sum B_2$ 为除活性硅外的阴离子浓度之和，mg/L；$(RG)_j$ 为校正后的溶解固体含量，mg/L。

由于大部分天然水中，水溶性有机物的含量都很小，计算时可忽略不计。

按式（2-6）校核分析结果时，溶解固体校正值 $(RG)_j$ 与阴阳离子总和之间的相对误差应不大于 5%，即

$$\left| \frac{(RG)_j - (\sum B_1 + \sum B_2)}{(\sum B_1 + \sum B_2)} \right| \times 100\% \leqslant 5\% \tag{2-7}$$

对于含盐量小于 100mg/L 的水样，相对误差可放宽至 10%。

2.4.4　pH 值的校核

对于 pH 值小于 8.3 的水样，由于存在以下化学反应：

$$H_2CO_3 \Leftrightarrow H^+ + HCO_3^- \tag{2-8}$$

$$[H_2CO_3] = [H_2CO_3] + [CO_2] \approx [CO_2] \tag{2-9}$$

$$H_2CO_3 \rightarrow H^+ + HCO_3^- \tag{2-10}$$

$$K_1 = \frac{[\text{H}^+][\text{HCO}_3^-]}{[\text{CO}_2]} = 10^{-6.37} \qquad (2-11)$$

其 pH 值可根据重碳酸盐和游离二氧化碳的含量按式 (2-11) 算出，即

$$\text{pH} = \text{p}K_1 + \lg C_{\text{HCO}_3} - \lg C_{\text{CO}_2} \qquad (2-12)$$

$$\text{pH} = 6.37 + \lg C_{\text{HCO}_3} - \lg C_{\text{CO}_2} \qquad (2-13)$$

式中：C_{HCO_3} 为重碳酸盐浓度，mol/L；C_{CO_2} 为游离 CO_2 含量，mol/L。

按式 (2-13) 校核分析结果时，pH 计算值与实测值的差应小于 0.2，即

$$|\delta| = |\text{pH}_{\text{js}} - \text{pH}_{\text{sc}}| \leqslant 0.2 \qquad (2-14)$$

2.5　课程报告书格式

课程报告书应包括目录、实验报告、实验结果汇总和结果校核四大部分。

2.5.1　目录

将所有实验项目按实验时间的先后顺序，在目录中全部列出。

2.5.2　实验报告

1. 实验报告格式

每个实验项目均按规定的实验报告格式完成实验报告。具体的实验报告格式及要点如下。

（1）实验项目。

（2）实验原理。要求：简单但要抓住要点，包括所依据的公式、反应方程式或工艺流程图。

（3）主要设备、仪器和材料（或试剂）。要求：给出仪器设备型号，试剂浓度及配制方法。

（4）实验步骤。要求：详细给出实验条件。

（5）实验流程。

（6）实验数据。要求：附上有实验老师签名的原始实验数据记录。

（7）数据处理与结果。要求：给出标准曲线、计算过程、实验数据的单位。

（8）结论。给出最后的计算结果和实验过程的注意事项，分析实验数据的可靠性。

2. 实验报告模板

以下为"硫酸盐的测定"的实验报告模板。

实验项目

硫酸盐的测定

实验原理

在控制的试验条件下，硫酸根离子转化成硫酸钡悬浊物，加入含甘油和氯化钠的溶液来稳定悬浮物并消除干扰。使用分光光度计来测定该溶液浊度，根据测得吸光度查工作曲线，得出水样中硫酸根含量。

主要设备、仪器和材料（或试剂）

（1）7200 型分光光度计。

（2）秒表。

（3）79HW-1 型磁力加热搅拌器。

（4）蒸馏水：GB/T6682 规定的 I 级试剂水。

（5）氯化钡：将氯化钡晶体（$BaCl_2 \cdot 2H_2O$）平铺在表面皿上，在 105℃干燥 4h。筛分至 20～30 目，并储存在干净并烘干的容器中。

（6）条件试剂：依次加入 300mL 蒸馏水，30mL 浓硫酸，100mL95％乙醇或异丙醇和 75g 氯化钠，再加入 50mL 甘油并混合均匀。

（7）硫酸盐标准溶液（1mL 含 $0.1000mgSO_4^{2-}$）：准确称取 0.1479 在 110～130℃烘干 2h 的优级纯无水硫酸钠，用少量水溶解，定量转移至 1L 容量瓶并稀释至刻度。

实验步骤

1. 工作曲线的绘制

（1）准确移取 0、5.00、15.00、25.00、35.00mL 硫酸根标准溶液至 100mL 容量瓶中，用蒸馏水稀释至刻度。该工作溶液硫酸根浓度分别为 0、5.00、15.00、25.00、35.00mg/L。

（2）将工作溶液分别转移至 250mL 烧杯中。

（3）加入 5.0mL 条件试剂，用搅拌仪器进行混合。

（4）当试液开始搅拌时，加入称取的 $BaCl_2$（0.3g），立即开始计时。以磁力搅拌器恒速搅拌 1.0min（以秒表计时）。

（5）搅拌结束后立即将溶液倒入比色皿进行测定，在 3～10min 内，测定 420nm 处的吸光度并记录。

（6）以硫酸根离子浓度（mg/L）对吸光度绘制工作曲线或回归方程。

2. 水样的测定

（1）准确移取 10.0mL 试样至 250mL 烧杯中，稀释至 100mL。

（2）按 1. 中（3）～（5）步骤进行操作。

实验流程

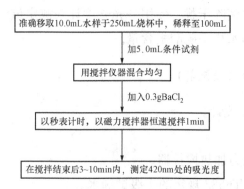

准确移取10.0mL水样于250mL烧杯中，稀释至100mL

加5.0mL条件试剂

用搅拌仪器混合均匀

加入0.3gBaCl₂

以秒表计时，以磁力搅拌器恒速搅拌1min

在搅拌结束后3~10min内，测定420nm处的吸光度

实验数据

附上有实验老师签名的原始实验数据记录（见表2-3）。

表 2-3　　　　　　　分光光度法测定水样硫酸盐含量实验数据

项目	标　准　系　列					水样（稀释10倍）
浓度（mg/L）	0	5	15	25	35	
吸光度（A）	0.017	0.053	0.163	0.283	0.393	0.085

数据处理与结果

根据实验数据，利用 Excel 做标准工作曲线，如图 2-9 所示。

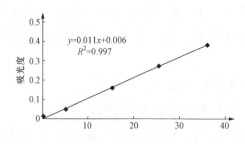

图 2-9　硫酸根浓度（mg/L）

得公式和 R 平方值为 $y = 0.011x + 0.006$（$R^2 = 0.997$）。将水样吸光度 $y = 0.085$ 代入得，$x = 7.18$mg/L。即该水样硫酸盐含量为 $7.18 \times 10 = 71.8$（mg/L）。

结论

该水样硫酸盐含量为 71.8mg/L。

实验过程中需特别注意：①应在加入 $BaCl_2$ 前开始搅拌，加入 $BaCl_2$ 后开始用秒表计时，以磁力搅拌器恒速搅拌 1.0min；②搅拌结束后应在 3～10min 内测定完毕；③测定水样和绘制工作曲线时的温差不能超过 10℃。

2.5.3 结果汇总

将每个实验项目的实验结果列于表 2-4。

表 2-4　　　　　　　　　生水全分析实验结果汇总

水样编号　　　　　　　　　　　　　　取样日期：　　　年　　　月　　　日

项目	测试方法 (标准号或方法名称)	仪器设备		单位	测定结果
		名称	型号		
pH 值					
电导率				$\mu S/cm$	
浊度				FNU	
钠离子				mg/L	
碱度				mmol/L	
硬度				mmol/L	
钙离子				mg/L	
铁离子				mg/L	
氯根				mg/L	
硫酸盐				mg/L	
全硅				mg/L	
溶硅				mg/L	
化学耗氧量				mg/L	
溶解氧				mg/L	
游离二氧化碳				mg/L	

2.5.4 结果校核

按 2.4 节的方法，对水样的阳离子和阴离子物质的量总数、总含盐量与溶解固体、pH 值进行校核，据此分析实验结果的可靠性。

3 锅炉用水和冷却水分析方法

3.1 pH 值 的 测 定

3.1.1 方法依据

依据 GB/T 6904—2008《工业循环冷却水及锅炉用水中 pH 的测定》。

3.1.2 适用范围

适用于工业循环冷却水、锅炉用水、天然水、污水、除盐水、锅炉给水以及纯水的 pH 值的测定。

3.1.3 原理

水溶液的 pH 值通常是用酸度计进行测定的。以玻璃电极作为指示电极，饱和甘汞电极作为参比电极，两电极同时插入被测试液之中组成原电池：

Ag^-，$AgCl$，HCl（0.1mol/L）｜玻璃膜｜试液‖KCl（饱和）｜Hg_2Cl_2，Hg^+

｜◀———————玻璃电极———————▶｜　　｜◀———饱和甘汞电极———▶｜

在一定条件下，测得 25℃时电池的电动势为

$$E = K' + 0.059pH \qquad (3-1)$$

由测得的电动势就能算出溶液的 pH 值。但因式（3-1）中的 K' 值是由内、外参比电极的电位及难以计算的不对称电位和液接电位所决定的常数，实际不易求得。因此在实际工作之中，用酸度计测定溶液的 pH 值时，首先必须用已知 pH 值的标准缓冲溶液来校正酸度计（也称"定位"），校正时应选用与被测溶液的 pH 值接近的标准缓冲溶液，以减少在测量过程中可能由于液接电位、不对称电位及温度等变化而引起的误差。一个电极系统应该用两种不同 pH 值的缓冲溶液校正。在用一种 pH 值的缓冲溶液定位后，测第二种缓冲溶液的 pH 值时，误差应在 0.05 之内。

应用校正后的酸度计，可直接测量水或其他溶液的 pH 值。

3.1.4 试剂和材料

无二氧化碳水：将水注入烧瓶中，煮沸 10min，立即用装有钠石灰管（碱石灰管）的胶塞塞紧，冷却。

所用试剂和水，除非另有规定，应使用分析纯试剂和符合 GB/T 6682—2008《分析实验室用水规格和试验方法》三级水的规定。试验中所需标准溶液、制剂及制品，在没有特殊注明时，均按 GB/T 603—2002《化学试剂　标准滴定溶液的制

备》的规定制备。

(1) 草酸盐标准缓冲溶液：$c[KH_3(C_2O_4)_2 \cdot 2H_2O] = 0.05mol/L$。称取 12.61g 草酸钾溶于无二氧化碳的水中，稀释至 1000mL。

(2) 酒石酸盐标准缓冲溶液（饱和溶液）。在 25℃下，用无二氧化碳的水溶解过量（约 75g/L）的酒石酸氢钾并剧烈振摇以制备其饱和溶液。

(3) 苯二甲酸盐标准缓冲溶液：$c(C_6H_4CO_2HCO_2K) = 0.05mol/L$。称取 10.24g 预先于（110±5）℃干燥 1h 的苯二甲酸氢钾，溶于无二氧化碳的水中，稀释至 1000mL。

(4) 磷酸盐标准缓冲溶液：$c(KH_2PO_4) = 0.025mol/L$；$c(Na_2HPO_4) = 0.025mol/L$。称取 3.39g 磷酸二氢钾和 3.53g 磷酸氢二钠溶于无二氧化碳的水中，稀释至 1000mL。磷酸二氢钾和磷酸氢二钠需预先在（120±10）℃干燥 2h。

(5) 硼酸盐标准缓冲溶液：$c(Na_2B_4O_7 \cdot 10H_2O) = 0.01mol/L$。称取 3.80g 十水合四硼酸钠，溶于无二氧化碳的水中，稀释至 1000mL。

(6) 氢氧化钙标准缓冲溶液：饱和溶液。

在 25℃时，用无二氧化碳的水制备氢氧化钙的饱和溶液。存放时应防止空气中二氧化碳进入。一旦出现浑浊，应弃去重配。

不同温度时各标准缓冲液的 pH 值见表 3-1。

表 3-1　　　　　　　　　　不同温度时各标准缓冲溶液的 pH 值

温度（℃）	pH 值					
	草酸盐标准缓冲溶液	苯二甲酸盐标准缓冲溶液	酒石酸盐标准缓冲溶液	磷酸盐标准缓冲溶液	硼酸盐标准缓冲溶液	氢氧化钙标准缓冲溶液
0	1.67	4.00	—	6.98	9.46	13.42
5	1.67	4.00	—	6.95	9.39	13.21
10	1.67	4.00	—	6.92	9.33	13.00
15	1.67	4.00	—	6.90	9.28	12.81
20	1.68	4.00	—	6.88	9.23	12.63
25	1.68	4.01	3.56	6.86	9.18	12.45
30	1.69	4.01	3.55	6.85	9.14	12.29
35	1.69	4.02	3.55	6.84	9.11	12.13
40	1.69	4.04	3.55	6.84	9.07	11.98

3.1.5　设备、仪器

(1) 酸度计（pHS-3C）：分度值为 0.02pH 单位。

(2) 可充式复合电极（E-201-C）。测量完毕不用时，应将电极保护帽套上，帽内应有少量浓度为 3mol/L 的 KCl 溶液，以保持球泡的湿润。如果发现干燥，在使用前应在含 KCl 的 pH4.00 缓冲溶液中浸泡几小时，以降低电极的不对称电位，使电极达到最好的测量状态。

复合电极的外参比补充液为 3mol/L 氯化钾溶液，补充液应从电极上端橡皮套包裹的小孔加入。

含 KCl 的 pH4.00 缓冲溶液的配制方法如下：取 pH4.00 缓冲剂（250mL）1 包，溶于 250mL 去离子水中，再加入 56g 分析纯 KCl，适当加热，搅拌至完全溶解。

3mol/L 氯化钾外参比补充液的配制方法如下：取 pH 计附件中内装氯化钾粉剂的小瓶 1 只，加入去离子水至 20ml 刻度处并摇匀。

3.1.6　分析步骤

（1）安装 pH 复合电极。将 pH 复合电极下端的电极保护套拔下，拉下电极上端的橡皮套使其露出上端小孔，用蒸馏水清洗电极。

（2）pH 计的校正。

1）打开电源开关，使仪器进入 pH 值测量状态。

2）用 pH 广泛试纸粗测水样 pH 值，确定水样 pH 值范围；用分度值为 1℃ 的温度计测量水样的温度。

3）调节温度补偿旋钮至当前溶液温度。

4）将清洗过的复合电极插入 pH=6.86 缓冲溶液中，调节定位纽，使仪器显示值与该标准溶液在当前温度下的 pH 值一致。

5）清洗电极，根据水样 pH 值的粗测值，将电极插入 pH=9.18（或 pH=4.00）标准缓冲溶液中，调节斜率纽使仪器显示与该溶液在当前温度下的 pH 值一致。

（3）测量 pH 值。

1）用蒸馏水清洗电极头部，再用被测溶液清洗一次。

2）把电极浸入被测溶液中，用磁力搅拌器搅拌溶液，使溶液均匀，在显示屏上读出溶液的 pH 值。

3.1.7　分析流程

分析流程见图 3-1。

3.1.8　分析结果的表述

（1）报告被测试样温度时应精确到 1℃。

（2）报告被测试样的 pH 值时应精确到 0.1pH 单位。

3.1.9　允许差

取平行测定结果的算术平均值为测定结果。平行测定结果的绝对差值不大于 0.1pH 单位。

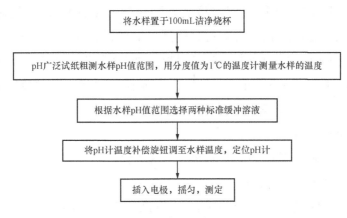

图 3-1 pH 值的测定分析流程

3.2 钠含量的测定（静态法）

3.2.1 方法依据

依据 GB/T 14640—2008《工业循环冷却水及锅炉用水中钾、钠含量的测定》。

3.2.2 适用范围

适用于各种工业用水、锅炉用水、原水及生活用水钠含量大于 0.23mg/L 的测定。

3.2.3 原理

当 pNa 电极与甘汞电极同时浸入水溶液后，即组成测量电池：

Ag,AgCl ｜ NaCl＋KCl ｜ 玻璃膜 ‖ KCl(0.1mol·L^{-1}) ｜ Hg,Hg_2Cl_2

其中 pNa 电极称为指示电极，其头部为特殊玻璃制成的薄膜；另一只电极作为参比电极，常用内参比溶液为 0.1mol·L^{-1} KCl 的甘汞电极，甘汞电极采用 0.1mol/L KCl 内参比液，可以减少 K^+ 离子对 pNa 值的干扰。

在一定条件下，电池的电动势与溶液 pNa 值符合能斯特公式（25℃），即

$$E = K' + 0.059pNa \qquad (3-2)$$

由测得的电动势即可算出溶液的 pNa 值。

根据水样是否流动，pNa 测定方法可分为静态和动态两种。当水样钠例子含量较高（pNa＜5）时，可采用静态法；当水样钠例子含量较低（pNa≥5）时，可采用动态法。本试验采用静态法测定。由于式（3-2）中 K' 值的不确定性，在实际工作中，首先必须用已知 pNa 值的标准溶液来校正 pNa 计（也称"定位"）。校正时应选用与被测溶液的 pNa 值接近的标准溶液，以减少在测量过程中可能由于液接电位、不对称电位及温度等变化而引起的误差。一个电极系统应用两种不同的 pNa 值的溶

液校正。在用一种 pNa 值得溶液定位后，测第二种溶液的 pNa 值时，误差应在 0.05 之内。应用校正后的 pNa 计，可直接测量水或其他溶液的 pNa 值。

测定水溶液中钠离子浓度时，应当特别注意氢离子以及钾离子的干扰。前者可以通过加入碱化剂，使被测溶液的 pH＞10 来消除；后者必须严格控制 Na^+ 与 K^+ 离子之比大于 10∶1，否则对测定结果会带来误差。

3.2.4　试剂和材料

（1）蒸馏水：符合 GB/T 6682—2008 一级水规格。

（2）氯化钠标准溶液的配制。

1）pNa2 标准储备液（10^{-2} mol/L）。精确称取 1.1690g 经 250～350℃烘干 1～2h 的氯化钠基准试剂溶于蒸馏水中，然后转入 2L 的容量瓶中并稀释至刻度，摇匀。

2）pNa4 标准储备液（10^{-4} mol/L）。取 pNa2 储备液，准确稀释 100 倍。

3）pNa5 标准储备液（10^{-5} mol/L）。取 pNa4 储备液，准确稀释 10 倍。

4）碱化剂。氢氧化钡饱和溶液。

3.2.5　仪器

（1）DWS-51 型钠离子浓度计。仪器精度应达±0.01pNa，具有斜率校正功能。

（2）钠离子选择电极（6801 型 pNa 玻璃电极）。电极长时间不用，以干放为宜，干放前应用蒸馏水冲洗干净，以防溶液浸蚀敏感薄膜，电极一般不宜放置过久。电极定位时间过长、测定时反应迟钝、线性变差都是电极衰老或变坏的表现，应更换新电极。新的久置不用的 pNa 电极，应用沾有四氯化碳或乙醚的棉花擦净电极的头部，然后用蒸馏水清洗，浸泡在 3%的盐酸溶液中 5～10min，用棉花擦净再用蒸馏水洗干净，并将电极浸泡在碱化后的 pNa4 标准溶液中 1h 后使用。经常使用的 pNa 电极在测定完毕后应将电极放在碱化后的 pNa4 标液中备用。电极导线有机玻璃引出部分切勿受潮。

（3）6802 型甘汞电极。甘汞电极用完后应浸泡在 0.1mol/L 氯化钾溶液中，不能长时间浸泡在纯水中。以防盐桥微孔中氯化钾被稀释，对测定结果有影响。长期不用时应干放保存，并套上专用的橡皮套，防止内部变干而损坏电极，重新使用前，应先在 0.1mol/L 的氯化钾溶液中浸泡数小时。测定中如发现读数不稳，可检查甘汞电极的接线是否牢固，有无接触不良现象，陶瓷塞是否破裂或堵塞，若有应更换电极。

（4）试剂瓶（聚乙烯塑料制品）。所用试剂瓶及取样瓶都应用聚乙烯塑料制品，塑料容器用洗涤剂清洗后用 1∶1 的热盐酸浸泡 12h，然后用蒸馏水冲洗干净后才能使用。各取样及定位用塑料容器都应专用，不宜更换不同浓度的定位溶液或互相混淆。

3.2.6 分析步骤

1. 开机前的准备

（1）电极在使用前，应用蒸馏水清洗。

（2）安装和使用电极时，应使电极玻璃泡距底部 20mm 以上，不能碰到烧杯底部。

（3）参比电极在使用时应把上面的小橡皮塞（或橡皮环）拔掉，将参比电极下端的橡皮套拔去，以保持参比电极液位压差。

2. 仪器的校正

（1）调节温度补偿旋钮至当前溶液温度，斜率旋钮顺时针旋到底。

（2）将定位液 pNa2、pNa3 和 pNa4 分别加到塑料杯内，液面离杯口 0.5cm，每个杯内加 2 滴 $Ba(OH)_2$ 溶液，并搅拌均匀。

（3）将电极用蒸馏水冲洗，用纸吸干后插入 pNa4 内，将斜率补偿钮调至适当位置。调节定位钮使显示为"4.00"。

（4）用蒸馏水冲洗清洗电极，用纸吸干后插入 pNa2 内，调节斜率钮使显示为"2.00"。

（5）用蒸馏水冲洗清洗电极，用纸吸干后插入 pNa3 内，显示值为 3±0.05 以内，则说明该仪器已校准完毕，可测试样品。

3. 水样测量

将被测水样加到塑料杯内，液面离杯口 0.5cm，加 2 滴 $Ba(OH)_2$ 溶液，并搅拌均匀。将电极用蒸馏水清洗干净并擦干后，插入被测样品内，待显示值稳定后，则该显示值即为此样品的 pNa 值。

3.2.7 分析流程

分析流程见图 3-2。

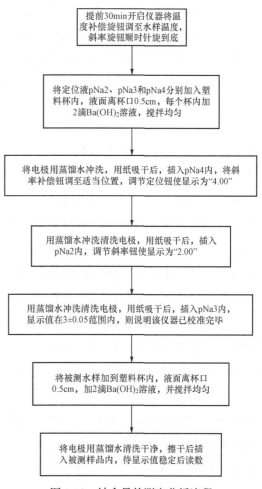

图 3-2 钠含量的测定分析流程

3.3　电导电极常数及电导率的测定

3.3.1　方法依据

依据 GB/T 6908—2008《锅炉用水和冷却水分析方法电导率的测定》和 DDS-11A 型电导率仪说明书。

3.3.2　适用范围

适用于锅炉用水、冷却水、锅炉给水、原水及生活用水电导率在 $0\sim10^6\,\mu S/cm$ （25℃）的测定。

3.3.3　原理

溶解于水的酸、碱、盐电解质，在溶液中解离成正、负离子，使电解质溶液具有导电能力，其导电能力的大小用电导率表示。

电解质溶液的电导率，通常使用两个金属片（即电极）插入溶液中测量两级间电阻率大小来确定，电导率是电阻率的倒数。根据欧姆定律，溶液的电导（G）与电极的面积（A）成正比，与两级间距离（L）成反比，即

$$G = K \cdot \frac{1}{L/A} \cdots = \cdots K \cdot \frac{1}{\theta} \tag{3-3}$$

或
$$K = G\theta \tag{3-4}$$

式中：K 为电导率，是指电极面积为 $1cm^2$、极间距离为 1cm 时溶液的电导，其单位用 $S/cm(\mu S/cm)$ 表示。

对同一溶液，用不同电极测出的电导值不同，但电导率是不变的。故在一定条件下，可用电导率来衡量水中溶解物质的含量。

对同一电极，L/A 不变，可用 θ 表示，称为电导池常数。电导池常数的测定，是通过测量已知电导率（K）溶液的电导（G），通过公式 $\theta = K/G$ 来实现的。本试验所用的电导率仪就是根据这个换算原理，直接将电极常数指示出来。

为了降低极化作用所造成测量的附加误差，测量信号采用交流电，该交流电由电感负载多谐振荡器产生，由转换开关电容获得低频（约 140Hz）及高频（约 1100Hz）两个频率，分别作为低电导测量及高电导测量的信号源频率。

测量不同电导范围，选用不同电极。当溶液电导较高时（电导率等于或高于 $10^3\,\mu S/cm$），电解作用较显著，极化作用较大。该情况应选用铂黑电极，可以增大电极与溶液的接触面积，减少电流密度而避免极化作用，从而提高测量的灵敏度和准确度。但测量低电导时（电导率低于 $10^3\,\mu S/cm$），由于溶液中溶质很少，而铂黑电极可能从溶液中吸附部分溶质，造成电导值变化很大，从而引起不稳定现象，致

使测定结果不准确，故应选用光亮铂电极。

3.3.4　仪器、设备

(1) 电导率仪 (DDS-11A型)。测量范围为 $0.01 \sim 10^6 \mu S/cm$。

(2) 电导电极 (铂黑电极)，简称电极，水样的电导率一般在 $100 \sim 100\,000 \mu S/cm$ 范围内，选择电导池常数为 $1.0 \sim 10$ 的电极。

(3) 温度计。试验室测定时精度为 $\pm 0.1 ℃$，非实验室测定时精度为 $\pm 0.5 ℃$。

3.3.5　试剂和材料

(1) 蒸馏水。符合 GB/T 6682—2008 的要求。

(2) 氯化钾标准溶液：$c(KCl) = 1mol/L$。称取在 105℃干燥 2h 的优级纯氯化钾 (或基准试剂) 74.246g，用新制备的二级试剂水溶解后移入 1000mL 容量瓶中，在 $(20 \pm 2)℃$ 下稀释至刻度，混匀。放入聚乙烯塑料瓶或硬质玻璃瓶中，密封保存。

(3) 氯化钾标准溶液：$c(KCl) = 0.1mol/L$。称取在 105℃干燥 2h 的优级纯氯化钾 (或基准试剂) 7.4365g，用新制备的二级试剂水溶解后移入 1000mL 容量瓶中，在 $(20 \pm 2)℃$ 下稀释至刻度，混匀。放入聚乙烯塑料瓶或硬质玻璃瓶中，密封保存。

(4) 氯化钾标准溶液：$c(KCl) = 0.01mol/L$。称取在 105℃干燥 2h 的优级纯氯化钾 (或基准试剂) 0.7440g，用新制备的二级试剂水溶解后移入 1000mL 容量瓶中，在 $(20 \pm 2)℃$ 下稀释至刻度，混匀。放入聚乙烯塑料瓶或硬质玻璃瓶中，密封保存。

(5) 氯化钾标准溶液：$c(KCl) = 0.001mol/L$。移取 0.01mol/L 氯化钾标准溶液 (4) 100.00mL 至 1000mL 容量瓶中。用新制备的一级试剂水在 $(20 \pm 2)℃$ 稀释至刻度，混匀。

(6) 氯化钾标准溶液：$c(KCl) = 1 \times 10^{-4} mol/L$。在 $(20 \pm 2)℃$ 移取 0.01mol/L 氯化钾标准溶液 (4) 10.00mL 至 1000mL 容量瓶中，用新制备的一级试剂水稀释至刻度，混匀。

(7) 氯化钾标准溶液：$c(KCl) = 1 \times 10^{-5} mol/L$。在 $(20 \pm 2)℃$ 移取 0.001mol/L 氯化钾标准溶液 (5) 10.00mL 至 1000mL 容量瓶中，用新制备的一级试剂水稀释至刻度，混匀。

(8) 氯化钾标准溶液：$c(KCl) = 1 \times 10^{-6} mol/L$。在 $(20 \pm 2)℃$ 移取 $1 \times 10^{-5} mol/L$ 氯化钾标准溶液 (7) 100.00mL 至 1000mL 容量瓶中，用新制备的一级试剂水稀释至刻度，混匀。

氯化钾标准溶液在不同温度下的电导率如表 3-2 所示。

表 3-2　　　　　　　　　　　　　　**氯化钾标准溶液的电导率**

溶液浓度 (mol/L)	温度 (℃)	电导率 (μS/cm)	溶液浓度 (mol/L)	温度 (℃)	电导率 (μS/cm)
1	0	65 176	0.01	18	1220.5
	18	97 838		25	1408.8
	25	111 342	0.001	25	146.93
0.1	0	7138	1×10^{-4}	25	14.89
	18	11167	1×10^{-5}	25	1.4985
	25	12856	1×10^{-6}	25	1.4985×10^{-1}
0.01	0	773.6			

注 表中的电导率已将氯化钾标准溶液配置时所用试剂水的电导率扣除。

3.3.6 操作步骤

将选择好的铂黑电极用二级试剂水洗净，再冲洗 2～3 次，浸泡备用。

1. 采用温度补偿

（1）将铂黑电极插入装有 0.01mol/L 的标准 KCl 溶液中。

（2）将温度钮调至 25℃，开关置"测量"挡，调"常数"钮，使仪器显示 KCl 标准溶液 25℃的电导率。

（3）将按钮置于"校准"挡，仪器读数即为该电极的电导池常数。

（4）测量时，取 50～100mL 水样，放入塑料杯或硬质玻璃杯中，将电极用被测水样冲洗 2～3 次后，浸入水样中进行电导率的测定。将按钮置于"测量"挡，仪器读数即为该溶液在 25℃下的电导率。

2. 不采用温度补偿（基本法）

（1）将铂黑电极插入装有 0.01mol/L 的 KCl 溶液中。

（2）将温度钮调至 25℃，开关置"测量"挡，调"常数"钮，使仪器显示 KCl 标准溶液在当前温度下的电导率。例如 19℃时，0.01mol/L KCl 的电导率为 $125\mu S/cm$。

（3）将按钮置于"校准"挡，仪器读数即为此电极的电导池常数。

（4）测量时，取 50～100mL 水样，放入塑料杯或硬质玻璃杯中，将电极和温度计用被测水样冲洗 2～3 次后，浸入水样中进行电导率、温度的测定。将按钮置于"测量"挡，仪器读数即为该溶液在当前温度下的电导率，同时记录水样温度。利用式（3-5）可求出 25℃下的电导率，即

$$S = \frac{S_t K}{1 - \beta(t - 25)} \tag{3-5}$$

式中：S 为换算成 25℃时水样的电导率，$\mu S/cm$；S_t 为水温 t℃时测得的电导，μS；K 为电导池常数，cm^{-1}；β 为温度校正系数（对于 pH 值为 5～9，电导率为 30～300$\mu S/cm$ 的天然水，β 的近似值为 0.02）；t 为测定时水样温度，℃。

3.3.7 操作流程

操作流程见图 3-3。

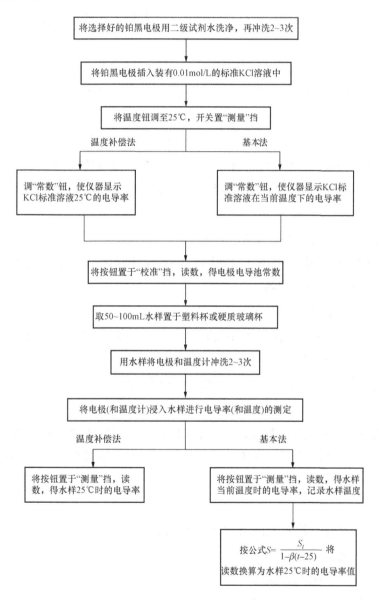

图 3-3 操作流程

3.4　浊 度 的 测 定

3.4.1　分光光度法

1. 方法依据

依据 GB/T 12151—2005《锅炉用水和冷却水分析方法浊度的测定（福马肼浊度）》。

2. 适用范围

适用于锅炉用水和冷却水的浊度在 4～400FTU 的测定。

3. 原理

本方法参考采用日本 JISK0101：1998，其原理是以福马肼悬浊液作为标准，采用分光光度计比较被测水样和标准悬浊液的透过光的强度进行测定。

水样带有颜色可用 0.15μm 滤膜过滤器过滤，并以该溶液作为空白。

4. 试剂与材料

（1）试剂纯度应符合 GB/T 6903 的规定。

（2）无浊度水。将二级试剂水以 3mL/min 流速经 0.15μm 滤膜过滤，弃去 200mL 初始滤液，使用时制备。

（3）福马肼浊度储备标准液（400FTU）。

1）硫酸联氨溶液。称取 1.000g 硫酸联氨，用少量无浊度水溶解，移入 100mL 容量瓶中，并稀释至刻度。

2）六次甲基四胺溶液。称取 10.00g 六次甲基四胺，用少量无浊度水溶解，移入 100mL 容量瓶中，并稀释至刻度。

3）福马肼浊度储备标准液。分别移取硫酸联氨溶液和六次甲基四胺溶液各 25mL，注入 500mL 容量瓶中，充分摇匀，在 (25±3)℃下保温 24h 后，用无浊度水稀释至刻度。

5. 仪器

（1）分光光度计。波长范围为 360～910nm。

（2）滤膜过滤器。滤膜孔径为 0.15μm。

（3）容量瓶。100、500mL。

（4）移液管。5、10、25、50mL。

6. 分析步骤

（1）工作曲线的绘制。

1）浊度为 40～400FTU 的工作曲线。按表 3-3 所示用移液管吸取浊度储备标准液分别加入一组 100mL 容量瓶中，用无浊度水稀释至刻度，摇匀，放入 10mm 比色皿中，以无浊度水作为参比，在波长为 660nm 处测定透光度，并绘制工作曲线。

表 3-3　　　　　　　浊度标准液配制（40~400FTU）

储备标准液（mL）	0	10.00	15.00	20.00	25.00	50.00	75.00	100.00
相当水样浊度（FTU）	0	40	60	80	100	200	300	400

2）浊度为 4~40FTU 的工作曲线。按表 3-4 用移液管吸取浊度储备标准液分别加入一组 100mL 容量瓶中，用无浊度水稀释至刻度，摇匀，放入 50mm 比色皿中，以无浊度水作为参比，在波长为 660nm 处测定透光度，并绘制工作曲线。

表 3-4　　　　　　　浊度标准液配制（4~40FTU）

储备标准液（mL）	0	1.00	1.50	2.00	2.50	5.00	7.50	10.00
相当水样浊度（FTU）	0	4	6	8	10	20	30	40

（2）水样的测定。取充分摇匀的水样，直接注入比色皿中，用绘制工作曲线的相同条件测定透光度，从工作曲线上求其浊度。

7. 分析流程

按分析步骤6.中(1)分别绘制浊度为40~400FTU和4~40FTU的两条工作曲线

取充分摇匀的水样，置于50mm比色皿中，以无浊水为参比，在660nm波长处测定透光度

3.4.2　浊度仪法

1. 方法依据

依据 SZD-1 型浊度仪自校方法。

2. 适用范围

适用于锅炉用水和冷却水 0~10NTU 浊度的测定。

3. 原理

SZD-1 型散射光浊度仪采用散射光测量原理，用福马肼标准浊度液可直接指示 NTU 浊度单位。当光源的光通过投射聚焦摄入测试管时，水样中的悬浮颗粒将产生散射光，在一定条件下满足瑞利定律 $I_R=KNI_0$。

4. 试剂与材料

（1）试剂纯度应符合 GB/T 6903 的有关规定。

（2）无浊度水。将二级试剂水以 3mL/min 流速经 0.15μm 滤膜过滤，弃去 200mL 初始滤液，使用时制备。

（3）福马肼浊度储备标准液（400FTU、400NTU）。

1）硫酸联氨溶液。称取 1.000g 硫酸联氨，用少量无浊度水溶解，移入 100mL 容量瓶中，并稀释至刻度。

2）六次甲基四胺溶液。称取 10.00g 六次甲基四胺，用少量无浊度水溶解，移入 100mL 容量瓶中，并稀释至刻度。

3）福马肼浊度储备标准液。分别移取硫酸联氨溶液和六次甲基四胺溶液各 25mL，注入 500mL 容量瓶中，充分摇匀，在（25±3）℃下保温 24h 后，用无浊度水稀释至刻度。

4）10NTU 溶液。吸取 2.50mL400NTU 溶液于 100mL 容量瓶中，用无浊水稀释至刻度。

5）5NTU 溶液。吸取 50mL10NTU 溶液于 100mL 容量瓶中，用无浊水稀释至刻度。

6）1NTU 溶液。吸取 20.00mL5NTU 溶液于 100mL 容量瓶中，用无浊水稀释至刻度。

5. 仪器

选用 SZD-1 型浊度仪。

6. 分析步骤

（1）浊度仪自校。

1）打开电源开关，预热 20min，将量程开关旋至 10NTU 挡。

2）将无浊水加入测试管，放入检测池中，使测试管顶端"凸"起部分正对检测池边沿的"‖"，盖好盖，进行调零。

3）用 10NTU 的标准浊度液调节满位。

4）分别对 5NTU 与 1NTU 溶液进行检测，当测定结果分别满足 5.0±0.2 和 1.0±0.2 时，视为仪器正常。

（2）水样的测定。将充分摇匀的水样加入测试管，放入检测池中，使测试管顶端"凸"起部分正对检测池边沿的"‖"，盖好盖，直接读数。

7. 分析流程

按分析步骤6.中(1)对浊度仪进行自校

↓

取充分摇匀的水样，置于测试管中，使测试管顶端"凸"起部分正对检测池边沿的"‖"，盖好盖，直接读数

3.5　氯化物的测定

3.5.1　电极法

1. 方法依据

依据 DL/T 502.4—2006《火力发电厂水汽分析方法　第 4 部分：氯化物的测定（电极法）》。

2. 适用范围

适用于锅炉用水和冷却水氯离子含量在 5～1000mg/L 的测定。

3. 方法提要

在水样中加乙酸盐缓冲液，调节 pH 值至 5 左右，用氯离子选择性电极作为测量电极、甘汞电极作为参比电极测定电位，定量测定氯离子。

4. 干扰

在用电极法测定氯离子时，如果作为离子电极感应膜的硫化银和硫化物离子共存，会有干扰，所以要加乙酸锌，以去除硫化物离子。其他干扰物质的容许限度用最大比率（干扰物浓度/氯离子浓度）表示如下：硝酸根、硫酸根、硫酸银：10^4；碘离子、氰离子、硫离子：10^{-3}；氟离子：10^2；溴离子：10^{-2}。

5. 试剂

（1）蒸馏水。GB/T 6682—2008 规定的一级试剂水。

（2）乙酸盐缓冲液（pH5）。在 500mL 蒸馏水中加入 100g 硝酸钾和 50mL 乙酸，溶解后向其中加氢氧化钠溶液（100g/L），使用 pH 计调节 pH 值至 5，加蒸馏水至 1L，摇匀备用。

（3）1000mg/L 氯离子标准溶液。准确称取在 600℃灼烧 1h 的基准氯化钠 1.648g，用少量蒸馏水溶解后定量转移至 1000mL 容量瓶中，用蒸馏水稀释至刻度，摇匀备用。

（4）100mg/L 氯离子标准溶液。准确移取 20.00mL 氯离子标准液（1000mg/L）至 200mL 容量瓶中，加蒸馏水至刻度线，摇匀备用。

（5）10mg/L 氯离子标准溶液。准确移取 20.00mL 氯离子标准液（100mg/L）至 200mL 容量瓶中，加蒸馏水至刻度线。该溶液使用时配制。

（6）5mg/L 氯离子标准溶液。准确移取 10.00mL 氯离子标准液（100mg/L）至 200mL 容量瓶中，加蒸馏水至刻度线。该溶液使用时配制。

6. 仪器

（1）电位差计或离子计。

（2）工作电极。氯离子电极。电极不用时可以干储存，使用前须预先在试剂水中浸泡 2h 以上。

（3）参比电极。双盐桥甘汞电极，内筒液体使用氯化钾溶液（3mol/L 饱和溶液），外筒液体使用硝酸钾溶液（100g/L）；或硫酸亚汞电极。

（4）内筒液体使用饱和氯化钾溶液时，由于液温的降低，会导致氯化钾的结晶析出，这样会使电阻增大。由于内筒的氯化钾溶液会混入外筒的硝酸钾溶液，所以外筒液体要定期更换。

（5）电磁搅拌器。配有磁力搅拌子。

7．分析步骤

（1）标准曲线的绘制。

1）取 5mg/L 氯离子标准溶液 50.00mL 于 100mL 烧杯中，加乙酸盐缓冲液（pH5）5.0mL。在测定时用乙酸盐缓冲液（pH5）调节 pH 至 5，目的是使离子强度保持一致。

2）将工作电极和参比电极浸入溶液中，用电磁搅拌器搅拌，使气泡不接触电极。测量溶液温度，用电位差计或离子计测定电位。

3）分别移取 10、100、1000mg/L 氯离子标准溶液 50.00mL 于 100mL 烧杯中，加乙酸盐缓冲液（pH5）5.0mL。将其温度调至与 2）测定液温相差 ±1℃。进行 2）的操作，测定氯离子标准液的电位。

4）以氯离子浓度的负对数对测得电位值进行直线回归，求得回归曲线。当氯离子浓度大于 5mg/L、液温为 10～30℃时，氯离子电极的响应时间小于 1min。10mg/L 氯离子标准液和 1000mg/L 氯离子标准液的电位差应在 110～120mV（25℃）的范围内。氯离子浓度在 5～1000mg/L 之间工作曲线为直线。

（2）水样的测定。

1）取试样 50.00mL 于 100mL 烧杯中，加乙酸盐缓冲液（pH5）5.0mL，调节液温至与（1）中 2）测得液温相差 ±1℃。

2）进行（1）中 2）的操作，根据回归方程计算试样中的氯离子浓度（mg/L）。试样为酸性的情况下，用氢氧化钠溶液（40g/L），试样为碱性的情况下，用乙酸（1＋10），预先调节试样 pH 值至 5 左右。试样中含有硫化物离子的情况下，预先加乙酸锌溶液（100g/L），固定硫化物离子，然后用滤纸过滤，将滤液调节 pH 值至 5。若使用离子计可直接读出试样中氯离子含量。

8. 分析流程

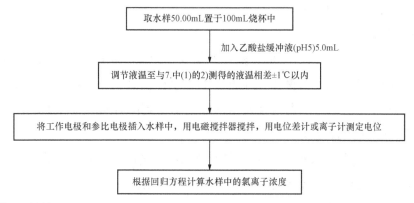

9. 结果的表述

氯离子含量 X_{Cl}（mg/L）按下式计算：

$$X_{Cl} = 10^{-pCl} \qquad (3-6)$$

式中：X_{Cl} 为氯离子含量，mg/L。pCl 值根据测得试样的电位值及回归方程求出。

3.5.2 摩尔法

1. 方法依据

依据 GB/T 15453—2008《工业循环冷却水的锅炉用水中氯离子的测定》。

2. 适用范围

适用于天然水、循环冷却水、以软化水为补给水的锅炉炉水中氯离子含量的测定，测定范围为 5～150mg/L。

3. 原理

本方法以铬酸钾为指示剂，在 pH 值为 6～9 的范围内用硝酸银标准溶液滴定。硝酸银与氯化物作用生成白色氯化银沉淀，当有过量硝酸银存在时，则与铬酸钾指示剂反应，生成砖红色铬酸银，从而指示终点。反应式为

$$Ag^+ + Cl^- \rightarrow AgCl\downarrow（白色） \qquad (3-7)$$

$$2Ag^+ + CrO_4^{2-} \rightarrow Ag_2CrO_4\downarrow（砖红色） \qquad (3-8)$$

4. 试剂和材料

本方法所用试剂，除非另有规定，应使用分析纯试剂和符合 GB/T 6682—2008 中三级水的规定。

试验中所需标准溶液、制剂及制品，在没有注明其他要求时，均按 GB/T 601 和 GB/T 603 的规定制备。

（1）硝酸银标准溶液。$c(AgNO_3)$ 约 0.01mol/L。

（2）铬酸钾指示剂。50g/L。

（3）1%酚酞指示剂（95%乙醇溶液）。

（4）0.05/L 硫酸溶液。

（5）0.1mol/L 氰化钠溶液。

5. 分析步骤

（1）用移液管准确吸取 100mL 蒸馏水置于 250mL 容量瓶中，调节水样 pH 值在6～9范围内。即加入 2 滴酚酞指示剂，如果水样呈红色，用硫酸溶液滴定到红色刚好褪去；如果显示无色，先用氢氧化钠溶液滴定到刚好转变为红色，然后再用硫酸溶液滴定到红色刚好褪去。

（2）加入 1.0mL 铬酸钾指示剂，在不断摇动的情况下，最好在白色背景条件下用硝酸银标液滴定至出现砖红色，注意终点颜色变化。

（3）移取 10.00mL 水样于 250mL 锥形瓶中，再加入 90.00mL 蒸馏水。

（4）加入 1.0mL 铬酸钾指示剂，在不断摇动的情况下，最好在白色背景条件下用硝酸银标准溶液滴定，参照空白终点颜色变化，直至出现砖红色为止。

6. 分析流程

分析流程见图3-4。

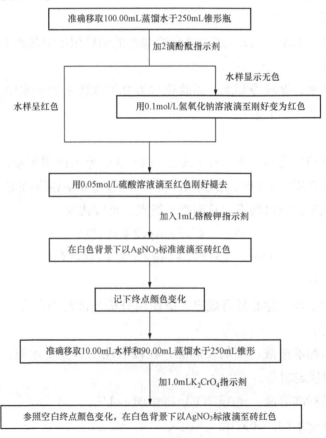

图3-4 分析流程

7. 结果计算

氯离子含量以质量浓度 ρ_1 计，数值以 mg/L 表示，按式（3-9）计算，即

$$\rho_1 = \frac{(V_1 - V_0)cM}{1000V} \times 10^6 \tag{3-9}$$

式中：V_1 为水样消耗硝酸银标准溶液的体积，mL；V_0 为空白试验消耗硝酸银标准溶液的体积，mL；V 为水样体积，mL；c 为硝酸银标准溶液浓度，mol/L；M 为氯的摩尔质量，取 35.45g/mol。

3.5.3 电位滴定法

1. 方法依据

依据 GB/T 15453—2008。

2. 适用范围

适用于天然水、循环冷却水、以软化水为补给水的锅炉炉水中氯离子含量的测定，测定范围为 5～150mg/L。

3. 原理

以双液型饱和甘汞电极为参比电极，以银电极为指示电极，用硝酸银标准溶液滴定至出现电位突跃点（即理论终点），即可从消耗的硝酸银标准溶液的体积算出氯离子含量。溴、碘、硫等离子存在干扰。

4. 试剂和材料

本方法所用试剂，除非另有规定，应使用分析纯试剂和符合 GB/T 6682—2008 三级水的规定。

试验中所需标准溶液、制剂及制品，在没有注明其他要求时，均按 GB/T 601、GB/T 603 的规定制备。

硝酸银标准溶液：$c(AgNO_3)$ 约 0.01mol/L。

5. 仪器和设备

一般实验室用仪器和下列仪器。

（1）电位滴定计。

（2）双液型饱和甘汞电极。

（3）银电极。

6. 分析步骤

移取 50.00mL 水样于 250mL 烧杯中。放入搅拌子，将盛有试样的烧杯置于电磁搅拌器，开动搅拌器，将电极插入烧杯中，用硝酸银标准溶液滴定至终点电位（在电位突跃点附近，应放慢滴定速度）。同时做空白试验。

7. 分析流程

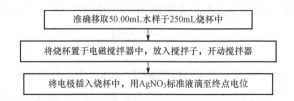

准确移取 50.00mL 水样于 250mL 烧杯中

将烧杯置于电磁搅拌器中，放入搅拌子，开动搅拌器

将电极插入烧杯中，用 AgNO₃ 标准液滴至终点电位

8. 结果计算

氯离子含量以质量浓度 ρ_1 计，数值以 mg/L 表示，按式（3-10）计算，即

$$\rho_1 = \frac{(V_1 - V_0)cM}{1000V} \times 10^6 \qquad (3-10)$$

式中：V_1 为水样消耗硝酸银标准溶液的体积，mL；V_0 为空白试验消耗硝酸银标准溶液的体积，mL；V 为水样体积，mL；c 为硝酸银标准溶液浓度，mol/L；M 为氯的摩尔质量，取 35.45g/mol。

3.6　碱度的测定（指示剂滴定法）

3.6.1　方法依据

依据 GB/T 14419—1993《锅炉用水和冷却水分析方法　碱度的测定》。

3.6.2　适用范围

适用于天然水、炉水、冷却水、凝结水、除盐水和给水等水样中碱度的测定。

3.6.3　方法概要

水中碱度是指水中含有能接受质子（H^+）的物质的量。例如氢氧根、碳酸盐、碳酸氢盐、磷酸氢盐、硅酸盐、硅酸氢盐、亚硫酸盐、亚硫酸氢盐和氨等都是水中常见的能接受质子的物质（或碱性物质）。

通常碱度（JD）可分为理论碱度（JD）$_1$ 和操作碱度（JD）$_c$。操作碱度又分为酚酞碱度（JD）$_f$ 和全碱度（JD）$_t$。理论碱度定义为

$$(JD)_1 = [HCO_3^-] + 2[CO_3^{2-}] + [OH^-] - [H^+] \qquad (3-11)$$

酚酞碱度是以酚酞做指示剂测得的碱度，全碱度是以甲基橙作指示剂测得的碱度。酚酞终点的 pH 值约为 8.3，甲基橙终点的 pH 值约为 4.2。

3.6.4　试剂

（1）酚酞指示剂，1%（m/V）乙醇溶液。称取 1g 酚酞，加 100mL 95%乙醇溶解，再以 0.05mol/L NaOH 中和至稳定的微红色。

（2）甲基橙指示剂，0.1%（m/V）水溶液。

（3）氢离子标准溶液，0.1000mol/L H^+（或 0.0500mol/L H_2SO_4）。

（4）硫酸标准溶液，0.0500 和 0.0100mol/L（H^+）。将 0.1000mol/L（H^+）的硫酸标准溶液，分别用蒸馏水稀释至 2 倍和 10 倍即可制得，不必再标定。

3.6.5　仪器

（1）酸式滴定管，25mL。

（2）微量滴定管，10mL。

（3）锥形瓶，200 或 250mL。

（4）移液管，100mL。

3.6.6　分析步骤

（1）取 100mL 透明水样置于锥形瓶中。

（2）加入 2～3 滴 1%酚酞指示剂。此时溶液若无色，按步骤（3）进行。若溶液显红色，用 0.0500 或 0.1000mol/L（H^+）的硫酸标准溶液滴定至恰无色。记下硫酸消耗的体积 a。

（3）在上述锥形瓶中，加入 2 滴甲基橙指示剂，继续用硫酸标准溶液滴定至橙黄色为止。记下第二次硫酸消耗的体积 b（不包括 a）。

3.6.7　分析流程

分析流程见图 3-5。

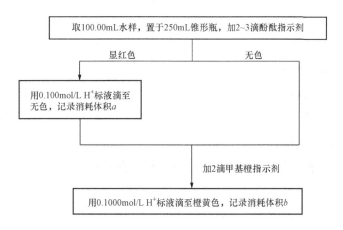

图 3-5　分析流程

3.6.8　分析结果的计算

酚酞碱度和全碱度分别按式（3-12）和式（3-13）计算，即

$$(JD)_f = \frac{c_{H^+} \times a \times 1000}{V} \qquad (3-12)$$

$$(JD)_t = \frac{c_{H^+} \times (a+b) \times 1000}{V} \qquad (3-13)$$

式中：$(JD)_f$ 为酚酞碱度，mmol/L；$(JD)_t$ 为全碱度，mmol/L；c_{H^+} 为硫酸标准溶

液的氢离子浓度，mol/L；a 为第一终点硫酸消耗的体积，mL；b 为第二终点硫酸消耗的体积，mL；V 为所取水样的体积，mL。

3.7　硬 度 的 测 定

3.7.1　方法依据

依据 GB/T 6909—2008《锅炉用水和冷却水分析方法硬度的测定》。

3.7.2　适用范围

适用于天然水、冷却水、软化水、H 型阳离子交换器出水、锅炉给水水样硬度的测定。使用铬黑 T 作为指示剂，硬度测定范围为 0.1～0.5mmol/L，硬度超过 5mmol/L 时，可适当减少取样体积，稀释到 100mL 后测定。

3.7.3　方法提要

在 pH 值为 10.0±0.1 的水溶液中，用铬黑 T 作为指示剂，以乙二胺四乙酸二钠盐（EDTA）标准溶液滴定至蓝色为终点。根据消耗 EDTA 的体积与 Ca^{2+}、Mg^{2+} 离子反应的化学计量关系，即可算出硬度值。

为提高终点指示的灵敏度，可在缓冲溶液中加入一定量的 EDTA 二钠镁盐。

铁含量大于 2mg/L、铝含量大于 2mg/L、铜含量大于 0.01mg/L、锰含量大于 0.1mg/L 对测定有干扰，可在加指示剂前用 2mL L-半胱氨酸盐酸盐溶液和 2mL 三乙醇胺溶液进行联合掩蔽消除干扰。

3.7.4　试剂和材料

本方法所用试剂和蒸馏水，除非另有规定，应使用分析纯试剂和符合 GB/T 6682—2008 三级水的规定。

试验中所需标准溶液、制剂及制品，在没有特殊注明时，均按 GB/T 601、GB/T 603 的规定制备。

（1）氨-氯化铵缓冲溶液。称取 67.5g 氯化铵，溶于 570mL 浓氨水中，加入 1gEDTA 二钠镁盐，并用蒸馏水稀释至 1L。

（2）乙二胺四乙酸二钠标准溶液：c(EDTA) 约 0.01mol/L。

（3）铬黑 T 指示液：5g/L。称取 4.5g 盐酸羟胺，用 18mL 蒸馏水溶解，另在研钵中加 0.5g 铬黑 T（$C_{20}H_{12}O_7N_3SNa$）磨匀，混合后用 95% 乙醇定容至 100mL，储存于棕色滴瓶中备用，使用期不应超过 1 个月。

3.7.5　分析步骤

（1）取 100.00mL 水样，于 250mL 锥形瓶中。如果水样浑浊，取前应过滤。

（2）加 5mL 氨-氯化铵缓冲溶液，加 2～3 滴铬黑 T 指示剂。

（3）在不断摇动下，用乙二胺四乙酸二钠标准溶液进行滴定，接近终点时应缓慢滴定，溶液由酒红色转为蓝色即为终点。全部过程应在 5min 内完成。

3.7.6 分析流程

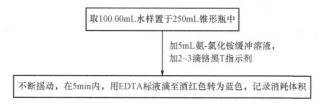

3.7.7 结果计算

硬度含量以浓度 c_1 计，数值以 mmol/L 表示，按式（3-14）计算，即

$$c_1 = \frac{(V_1 - V_0)c}{V} \times 1000 \tag{3-14}$$

式中：V_1 为滴定水样消耗 EDTA 标准溶液体积，mL；V_0 为滴定空白溶液消耗 EDTA 标准溶液体积，mL；c 为 EDTA 标准溶液溶度，mol/L；V 为所取水样体积，mL。

3.8 钙 的 测 定

3.8.1 方法依据

依据 GB/T 6910—2006《锅炉用水和冷却水分析方法 钙的测定 络合滴定法》。

3.8.2 适用范围

适用于锅炉用水和冷却水中钙含量 10～200mg/L 水样的测定。含钙量超出 200mg/L 水样应稀释后测定。

3.8.3 原理

在 pH=12～14，以钙红为指示剂，EDTA 络合滴定水中的钙离子，终点颜色由酒红色变为纯蓝色。在该 pH 值条件下镁形成氢氧化镁沉淀。Fe、Al、Zn 等与乙二胺四乙酸二钠盐（EDTA）发生配位反应的离子干扰测定；水样中乙二胺四甲叉膦酸（EDTMP）含量大于 10mg/L，六偏磷酸钠大于 6mg/L 时对测定均有干扰，建议采用原子吸收光度法测定。

3.8.4 试剂和蒸馏水

（1）试剂纯度应符合 GB/T 6903 的规定。

（2）蒸馏水应符合 GB/T 6682—2008 规定的 II 级试剂水要求。

（3）氢氧化钾溶液（20%）。称取 20g 氢氧化钾，溶于 80mL 蒸馏水中，储存于塑料瓶中。

（4）EDTA 标准溶液 $c(C_{10}H_{14}N_2O_8Na_2 \cdot 2H_2O) = 0.0100mol/L$。称取 4.0g EDTA 溶于 200mL 蒸馏水中，用蒸馏水稀释至 1L，储存于塑料瓶中。标定方法可参考本书 4.3 节。

（5）钙红指示剂。称取 0.1g 钙红指示剂，加 10g 在 105℃ 干燥 2h 的 NaCl，研磨均匀。

3.8.5　分析步骤

用移液管准确吸取水样 100.00mL 于 250mL 锥形瓶中，加 5mL 氢氧化钾溶液，用钥匙尾部加入少量钙红指示剂，立即用 EDTA 标准溶液滴定至溶液由酒红色变为纯蓝色。整个滴定过程应在 5min 内完成，同时用蒸馏水做空白试验。

3.8.6　分析流程

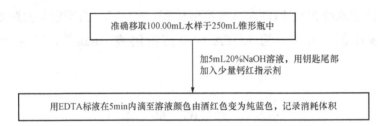

3.8.7　结果计算

水样中钙含量 $X(mg/L)$（以 Ca^{2+} 计）按式（3-15）计算，即

$$X = \frac{m \times (V_2 - V_0) \times 40.08}{V_s} \times 1000 \qquad (3-15)$$

式中：X 为水样中钙含量，mg/L；m 为 EDTA 标准溶液浓度，mol/L；V_2 为滴定水样时消耗 EDTA 标准溶液的体积，mL；V_0 为滴定空白溶液时消耗 EDTA 标准溶液的体积，mL；V_s 为移取水样的体积，mL；40.08 为钙的摩尔质量，g/mol。

3.9　全 铁 的 测 定

3.9.1　方法依据

依据 GB/T 14427—2008《锅炉用水和冷却水分析方法 铁的测定》。

3.9.2　适用范围

适用于锅炉用水、冷却水、原水及工业废水中铁浓度为 0.01～5mg/L 水样的测定。铁浓度高于 5mg/L 时，可将样品适当稀释后再进行测定。

3.9.3　原理

铁（Ⅱ）菲啰啉络合物在 pH 值为 2.5～9 是稳定的，颜色的强度与铁（Ⅱ）存

在量成正比。在铁浓度为 5.0mg/L 以下时，浓度与吸光度呈线性关系。最大吸光值在 510nm 波长处。反应式为

3.9.4　试剂和材料

本方法所用试剂，除非另有规定，仅使用分析纯试剂。

试验中所需标准溶液、制剂及制品，在没有注明其他要求时，均按 GB/T602、GB/T603 的规定制备。

(1) 蒸馏水，GB/T 6682—2008 规定的三级试剂水。

(2) 硫酸溶液 (1+3)。

(3) 乙酸缓冲溶液。溶解 40g 乙酸铵 (CH_3COONH_4) 和 50mL 冰乙酸 ($\rho=1.06g/mL$) 于蒸馏水中并稀释至 100mL。

(4) 盐酸羟胺溶液 (100g/L)。将 10g 盐酸羟胺溶于 100ml 蒸馏水中。

(5) 1,10-菲啰啉溶液 5g/L。溶解 0.5g 1,10-菲啰啉氯化物（一水合物）($C_{12}H_9ClN_2 \cdot H_2O$) 于蒸馏水中并稀释至 100mL，或将 0.42g 1,10-菲啰啉（一水合物）($C_{12}H_8N_2 \cdot H_2O$) 溶于含有 2 滴盐酸的 100mL 蒸馏水中，该溶液储存在暗处，可稳定放置 1 周。

(6) 过硫酸钾溶液 (40g/L)。溶解 4g 过硫酸钾 ($K_2S_2O_8$) 于蒸馏水中并稀释至 100mL，室温下储存于棕色瓶中。该溶液可稳定放置几周。

(7) 铁标准储备液 (100mg/L)。称 50.0mg 铁丝（纯度为 99.99%），精确至 0.1mg。置于 100mL 锥形瓶中，加 20mL 蒸馏水、5mL 盐酸，缓慢加热使之溶解，冷却后定量转移到 500mL 容量瓶中，用蒸馏水稀释至刻度，摇匀。该溶液储存于耐蚀玻璃或塑料瓶中，可稳定放置至少 1 个月。

(8) 铁标准溶液 (1mg/L)。移取 10.00mL 铁标准储备溶液于 1L 容量瓶中，加入 10mL1mol/L 盐酸溶液并稀释至刻度。

3.9.5　仪器

一般实验室用仪器和下列仪器。

(1) 分光光度计。可在 510nm 处测定，棱镜型或光栅型。

(2) 比色皿。光程 10mm。

(3) 锥形瓶。容量 100mL。

3.9.6 分析步骤

1. 水样的测定

取 50.00mL 水样置于 100mL 锥形瓶中，加入 0.5mL 硫酸（1+3）。加 5mL 过硫酸钾溶液，微沸浓缩，使剩余体积为 20~25mL。冷却后转移至 50mL 比色管中，定容至 50mL。加 1.00mL 盐酸羟胺并充分混匀，加 2.00mL 乙酸缓冲溶液使 pH 值为 3.5~5.5。加入 2.00mL 1,10-菲啰啉溶液后，将其置于暗处 15min。以空白溶液为参比，于 510nm 处测定吸光度。用 50mL 试剂水代替试样，按上述步骤做空白试验。

2. 校准曲线的绘制

按表 3-5 取一系列铁标准溶液于一系列 50mL 比色管中。加 0.5mL 硫酸溶液（1+3）于每一个比色管中，并用蒸馏水稀释至 50mL。按水样的分析步骤测定标准系列的吸光度。以铁离子质量浓度（mg/L）为横坐标，所测吸光度为纵坐标绘制校准曲线。

表 3-5   铁标准系列的配制

编号	0	1	2	3	4
取铁标准溶液体积数（1mg/mL）	0	0.5	2.00	6.00	10.00

3.9.7 分析流程

分析流程见图 3-6。

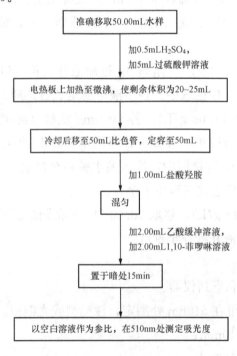

图 3-6 分析流程

3.9.8 结果计算

铁含量以质量浓度 ρ 计，数值以 mg/L 表示，按式（3-16）计算，即

$$\rho = f(A_1 - A_0) \tag{3-16}$$

式中：f 为校正曲线的斜率；A_1 为试样的吸光度；A_0 为试剂空白的吸光度。

3.10 溶 解 氧 的 测 定

3.10.1 方法依据

依据 GB/T 12157—2007《工业循环冷却水和锅炉用水中溶解氧的测定》。

3.10.2 适用范围

适用于工业循环冷却水中溶解氧质量浓度为 $0.2 \sim 8$ mg/L（以 O_2 计）的测定。

3.10.3 原理

溶解氧的测定采用锰盐-碘量法，其原理是在碱性溶液中，二价锰离子被水中溶解氧氧化成三价或四价的锰，可将溶解氧固定，反应式为

$$Mn^{2+} + 2OH^- = Mn(OH)_2 \downarrow \tag{3-17}$$

$$2Mn(OH)_2 + O_2 = 2H_2MnO_3 \downarrow \tag{3-18}$$

$$4Mn(OH)_2 + O_2 + 2H_2O = 4Mn(OH)_3 \downarrow \tag{3-19}$$

然后酸化溶液，再加入碘化钾，三价或四价锰又被还原成二价锰离子，并生成与溶解氧相等物质的量的碘。反应式为

$$H_2MnO_3 + 4H^+ + 2I^- = Mn^{2+} + I_2 + 3H_2O \tag{3-20}$$

$$2Mn(OH)_3 + 6H^+ + 2I^- = I_2 + 6H_2O + 2Mn^{2+} \tag{3-21}$$

用硫代硫酸钠标准溶液滴定所产生的碘，便可求得水中的溶解氧。

3.10.4 试剂和材料

本方法所用试剂和蒸馏水，除非另有规定，仅使用分析纯试剂和符合 GB/T 6682—2008 三级水的规定。

试验中所需标准溶液、制剂及制品，在没有注明其他规定时，均按 GB/T601、GB/T603 的规定制备。

（1）硫酸溶液，1+1。

（2）硫酸锰溶液 340g/L。称取 34g 硫酸锰，加 1mL 硫酸溶液（1+1），溶解后用水稀释至 100mL。若溶液不澄清，则需过滤。

（3）碱性碘化钾混合液。称取 30g 氢氧化钠、20g 碘化钾溶于 100mL 水中，摇匀。

（4）硫代硫酸钠标准溶液：$c(Na_2S_2O_3) = 0.01$ mol/L。

（5）高锰酸钾溶液：$c\left(\dfrac{1}{5}KMnO_4\right)=0.01mol/L$。

（6）淀粉指示剂（1%，m/V）。称取 1g 可溶性淀粉，加 5mL 蒸馏水使其成糊状，在搅拌下将糊状物加入 90mL 沸腾水中，再煮沸 1～2min，冷却，稀释至 100mL。使用期为 2 周。

3.10.5　仪器和设备

溶解氧瓶：测出加塞时所装水的体积。一瓶为 A，另一瓶为 B，体积为 200～500mL。

3.10.6　分析步骤

1. 取样

将取样瓶 A、B 洗净，用虹吸法同时将水样通过导管引入 A、B 取样瓶。并使水自然从 A、B 两瓶中溢出。

2. 固定氧和酸化

用一根细长移液管吸 1.00mL 的硫酸锰溶液。移液管插入 A 瓶的中部，加入硫酸锰溶液。然后用同样的方法加入 5.00mL 碱性碘化钾混合液、2.00mL 高锰酸钾标准溶液，上下颠倒混合均匀，待沉淀物沉至底部，向 A 瓶中加入 5.00mL 硫酸溶液，塞紧瓶盖，颠倒摇匀。在 B 瓶中首先加入 5.00mL 硫酸溶液，然后在加入硫酸的同一位置再加入 1.00mL 的硫酸锰溶液、5.00mL 碱性碘化钾混合液、2.00mL 高锰酸钾标准溶液，不得有沉淀产生，否则重新测试。塞紧瓶塞，上下颠倒摇匀。

3. 测定

将 A、B 瓶中溶液分别倒入 2 只 600mL 锥形瓶中，用硫代硫酸钠标准溶液滴至淡黄色，加入 1mL 淀粉指示液继续滴定，溶液由蓝色变为无色，用被滴定溶液冲洗原 A、B 瓶，继续滴至无色为终点。

3.10.7　分析流程

分析流程见图 3-7。

3.10.8　结果计算

水样中溶解氧的含量（以 O_2 计）以质量溶度 ρ_1 计，数值以毫克每升（mg/L）表示，按式（3-22）计算，即

$$\rho_1 = \left[\frac{V_1 c \times 8}{V_A - V'_A} - \frac{V_2 c \times 8}{V_B - V'_B}\right] \times 10^3 \qquad (3-22)$$

式中：c 为硫代硫酸钠标准溶液的浓度，mol/L；V_1 为滴定 A 瓶水样消耗的硫代硫酸钠标准溶液体积，mL；V_A 为 A 瓶的容积，mL；V'_A 为 A 瓶中所加硫酸锰溶液、碱性碘化钾混合液、硫酸溶液及高锰酸钾标准溶液的体积之和，mL；V_B 为 B 瓶的容积，mL；V_2 为滴定 B 瓶水样消耗的硫代硫酸钠标准溶液体积，mL；V'_B 为 B 瓶中

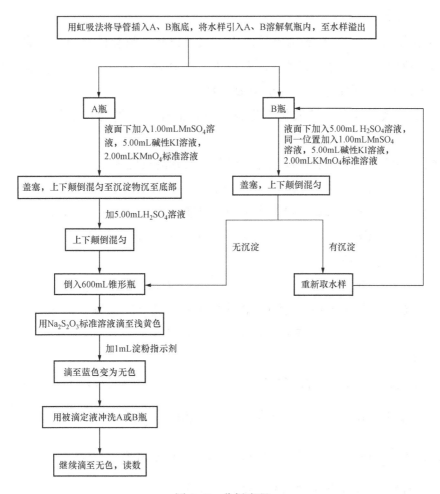

图 3-7 分析流程

所加硫酸锰溶液、碱性碘化钾混合液、硫酸溶液及高锰酸钾标准溶液的体积之和，mL。

3.11 化学耗氧量的测定

3.11.1 重铬酸钾法（标准法）

1. 方法依据

依据 DL/T 502.23—2006《火力发电厂水汽分析方法 第 23 部分：化学耗氧量的测定（重铬酸钾法）》。

2. 适用范围

适用于锅炉用水和冷却水中化学耗氧量的测量，测量范围为 5~50mg/L，水样中氯离子含量应低于 2000mg/L。

3. 方法提要

化学耗氧量（COD_{Cr}）是指天然水中可被重铬酸钾氧化的有机物含量。在本方法的氧化条件下，大部分有机物（80%以上）被分解，但芳香烃环式氮化物等几乎不分解。COD反映了水中有机物总含量的大小。

氯离子在该条件下也被氧化而生成氯气，消耗一定量的重铬酸钾，因而干扰测定。

在酸性溶液中，重铬酸钾作氧化剂时与有机物的反应为

$$2Cr_2O_7^{2-} + 16H^+ + 3C \longrightarrow 4Cr^{3+} + 8H_2O + 3CO_2 \uparrow \qquad (3-23)$$

过量的重铬酸钾以试亚铁灵为指示剂，以亚铁盐（溶液）回滴，即

$$Cr_2O_7^{2-} + 14H^+ + 6Fe^{2+} \longrightarrow 6Fe^{3+} + 2Cr^{3+} + 7H_2O \qquad (3-24)$$

氯化物的干扰反应为

$$Cr_2O_7^{2-} + 14H^+ + 6Cl^- \longrightarrow 3Cl_2 \uparrow + 2Cr^{3+} + 7H_2O \qquad (3-25)$$

在测定过程中加 $HgSO_4$，消除氯离子的干扰，其反应式为

$$Hg^{2+} + 4Cl^- \longrightarrow [HgCl_4]^{2-} \qquad (3-26)$$

4. 试剂

(1) 无还原物质的水。高锰酸钾-硫酸重蒸馏的二次蒸馏水，本方法所用的水均为此二次蒸馏水。在每升蒸馏水中加入 10mL 硫酸 $\left[c\left(\frac{1}{2}H_2SO_4\right) = 4mol/L\right]$ 和少量高锰酸钾溶液 $\left[c\left(\frac{1}{5}KMnO_4\right) = 0.1mol/L\right]$，放入玻璃容器中蒸馏，弃去开始的 100mL 馏出液。将所制备水放入具塞的玻璃瓶中储存。

(2) 硫酸银-硫酸溶液（1%，w/v）。称取 10g 硫酸银溶于 1L 浓硫酸中。完全溶解需要 1~2 天（可以加热进行溶解）。

(3) 硫酸汞。

(4) 重铬酸钾标准溶液 $\left[c\left(\frac{1}{6}K_2Cr_2O_7\right) = 0.025mol/L\right]$。将重铬酸钾基准试剂于 100~110℃ 的烘箱中干燥 3~4h，取出放在干燥器中冷却至室温，准确称取 1.2260g 重铬酸钾，用水溶解后定量移入 1L 容量瓶中，用无还原物质的水稀释至刻度。

(5) 邻菲啰啉亚铁指示剂。称取 1.48g 邻菲啰啉（即 1,10-二氮杂菲）和 0.70g 七水硫酸亚铁，用无还原物质的水溶解后定容至 100mL。

(6) 硫酸亚铁铵标准溶液 $\{c[Fe(NH_4)_2(SO_4)_2] = 0.025mol/L\}$。称取 10g 六水硫酸亚铁铵，溶于 500mL 无还原物质的水，加 20mL 浓硫酸，冷却后定量移入 1L 容量瓶中，稀释至刻度。该溶液每次使用时按下法标定。取重铬酸钾标准溶液

20.00mL（V_0）于 250mL 三角瓶中，加水至 100mL，加浓硫酸 30mL。冷却后，加邻菲啰啉亚铁指示剂 2～3 滴，用硫酸亚铁铵标准溶液滴定，溶液的颜色由蓝绿变成红褐色为终点，记录消耗体积为 V_1。根据式（3-27）计算硫酸亚铁铵标准溶液的浓度，即

$$c = \frac{c_0 V_0}{V_1} \qquad\qquad (3\text{-}27)$$

式中：c 为硫酸亚铁铵标准溶液的浓度，mol/L；c_0 为重铬酸钾标准溶液的浓度，mol/L；V_0 为重铬酸钾标准溶液的体积，mL；V_1 为滴定消耗硫酸亚铁铵标准溶液的体积，mL。

5. 仪器

（1）回流冷却器。通用组合式冷却器或者球管冷却器（长 300mm）。

（2）磨口锥形瓶。与 250～300mL 的回流冷却器组合。

（3）加热板或者支架式加热器。

6. 分析步骤

（1）准确移取 20.00mL 水样（体积为 V_2）放入预先放有 0.4g 硫酸汞的 250mL 磨口锥形瓶中，摇匀。

（2）加重铬酸钾标准溶液 10.00mL，摇匀后加硫酸银-硫酸溶液 30mL，边加边搅拌，放入玻璃珠或沸石数个。

（3）连上回流冷却器，加热回流 2h（自沸腾计时）。

（4）冷却后，用 100mL 无还原物质的水自冷凝管上端缓慢加入清洗回流冷却器，使洗液流入磨口锥形瓶。冷却至室温。

（5）加邻菲啰啉亚铁指示剂 2～3 滴，过量的重铬酸钾用硫酸亚铁铵标准溶液滴定，溶液的颜色由蓝绿变成红褐色为终点。记录消耗硫酸亚铁铵标准溶液的体积 V_3。

（6）空白试验。另取无还原物质的水 20.00mL 代替水样，进行（1）～（5）操作。记录空白试验消耗硫酸亚铁铵标准溶液的体积为 V_4。试样中含悬浊物时要摇匀后尽快采样。加热 2h 后，剩余的量为所加重铬酸钾溶液的 1/2 左右。该法只能掩蔽氯离子 40mg，氯离子浓度高的情况下（如海水），由于无法除去干扰物，所以不能使用该方法。由于该方法使用汞化合物，所以应注意试验后废液的处理。

7. 分析流程

分析流程见图 3-8。

8. 结果的表述

水样中重铬酸钾耗氧量 COD_{Cr} 的数值（以 O 计，mg/L）按式（3-28）计

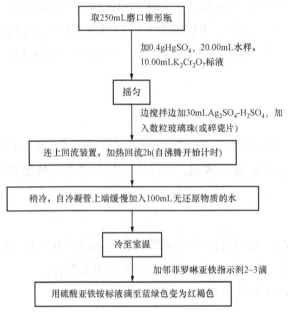

图 3-8　分析流程

算，即

$$COD_{Cr} = \frac{c(V_3 - V_4) \times 8 \times 1000}{V_2} \qquad (3-28)$$

式中：COD_{Cr} 为重铬酸钾耗氧量（以 O 计），mg/L；c 为硫酸亚铁铵标准溶液的浓度，mol/L；V_3 为滴定消耗硫酸亚铁铵溶液体积，mL；V_4 为空白消耗硫酸亚铁铵溶液体积，mL；V_2 为水样体积，mL；8 为氧 $\left(\frac{1}{2}O\right)$ 的摩尔质量，g/mol。

3.11.2　重铬酸钾法（快速法）

1. 方法依据

依据 GB/T 14420—1993《锅炉用水和冷却水分析法 化学耗氧量的测定 重铬酸钾快速法》。

2. 适用范围

适用于天然水、炉水、冷却水和除盐水等水样的化学耗氧量的测定。化学耗氧量（以氧计）的测定范围为 0～50mg/L，浓度大于 50mg/L 时应稀释后测定。

3. 方法概要

本方法基于在适当提高硫酸浓度的条件下，以提高重铬酸钾的氧化率和缩短回流时间，达到快速测定化学耗氧量的目的。测定中加入适量硝酸银和硝酸铋，以消除氯离子的干扰。

4. 试剂

(1) 硫酸银-硫酸溶液（1%，m/v）。称取 10g 硫酸银（Ag_2SO_4）溶于 1L 硫酸（密度 1.84g/mL），储存于棕色瓶中。

(2) 试亚铁灵指示剂。称取 1.48g 邻菲罗啉（即 1-，10-二氮杂菲）和 0.70g 硫酸亚铁（$FeSO_4 \cdot 7H_2O$），溶于 200mL 二次蒸馏水，储存于棕色瓶中。

(3) 重铬酸钾标准溶液，0.0040mol/L。准确称取 1.177g 优级纯重铬酸钾（预先在 105～110℃烘箱中干燥 2h 并在干燥器中冷却至室温）溶于二次蒸馏水，定量转移至 1L 容量瓶中，稀释至刻度，摇匀。

(4) 硫酸亚铁铵溶液，0.012mol/L。称取 4.70g 硫酸亚铁铵［$FeSO_4 \cdot (NH_4)_2SO_4 \cdot 6H_2O$］溶于试剂水，加 10mL 硫酸（密度 1.84g/mL），冷却后转移至 1L 容量瓶中，稀释至刻度，摇匀。该溶液在使用前按下法标定。用移液管吸取 5.00mL 重铬酸钾标准溶液［见（3）］注入于锥形瓶中，加入 45mL 二次蒸馏水稀释，再加 5mL 硫酸银-硫酸溶液［见（1）］。充分冷却后加入 1 滴试亚铁灵指示剂，用硫酸亚铁铵溶液滴定至颜色从蓝绿色刚变至红色为终点。记下硫酸亚铁铵溶液消耗的体积 a（mL）。按式（3-29）计算硫酸亚铁铵溶液的浓度 c（mol/L），即

$$c = 0.0040 \times 6 \times 5.00/a \tag{3-29}$$

(5) 硝酸银溶液，10%（m/V）。称取 10g 硝酸银溶于 100mL 除盐水，储存于棕色瓶中。

(6) 硝酸铋溶液。称取 1g 硝酸铋［$Bi(NO_3)_3 \cdot 5H_2O$］溶于 100mL 硫酸溶液（1+2）。

(7) 二次蒸馏水。为使空白试验和稀释水不含有机物，应以每升普通蒸馏水中加入约 5mL 硫酸（密度 1.84g/mL）和 0.2g 纯高锰酸钾（使水样保持紫红色），再蒸馏一次以制得二次水。凝汽式电厂高压炉无污染的过热蒸汽凝结水，一般也可作为二次水用。

5. 仪器

(1) 球形冷凝器（长 30cm）。

(2) 锥形瓶（磨口，150 或 250mL）。

(3) 电炉（600～800W）（或煤气灯）及石棉网。

(4) 微量滴定管（10mL）。

(5) 容量瓶（1000mL）。

(6) 移液管（5、10mL）和吸液管（2mL）。

(7) 秒表或计时器。

6. 分析步骤

(1) 用移液管吸取 10.00mL 水样置于回流的磨口锥形瓶中，加 1mL 硝酸银溶

液 [10% (m/V)]，摇匀，再加 1mL 硝酸铋溶液，摇匀（当氯离子含量在 500～3000mg/L 时，应各加 2mL）。

（2）用移液管加入 5.00mL 0.0040mol/L 重铬酸钾溶液，再加入几颗碎瓷块或沸石（预先用硫酸和重铬酸钾煮沸、洗净），装上球形冷凝器和通入冷却水。

（3）缓慢加入 20mL 硫酸银－硫酸溶液，摇匀，加热回流 10min（从沸腾计时），停止加热。

（4）稍冷后从冷凝器顶端管口慢慢加入 50mL 二次蒸馏水洗涤管壁。取下锥形瓶置于冷水浴中冷却至室温。

（5）加 1 滴试亚铁灵指示剂，过量的重铬酸钾用硫酸亚铁铵溶液 [见 4. 中 (4)] 滴定至颜色从蓝绿色变至红棕色即为终点。

（6）另取 10.00mL 二次蒸馏水按 6. 中 (1) ～ (5) 步骤进行空白试验。

7. 分析流程

分析流程见图 3-9。

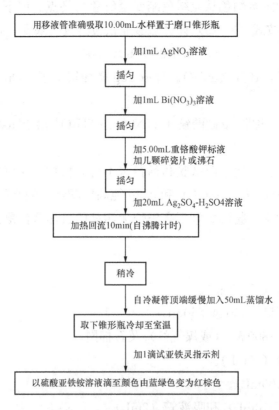

图 3-9　分析流程

8. 结果计算

用重铬酸钾快速法测定的耗氧量按式（3-30）计算，即

$$(COD)_{Cr} = (b-a) \times c \times \frac{32}{4} \times \frac{1000}{V} = (b-a) \times c \times 8000/V \quad (3-30)$$

式中：$(COD)_{Cr}$ 为用重铬酸钾快速法测定的耗氧量（以 O_2 计），mg/L；b 为空白试验消耗的硫酸亚铁铵溶液的体积，mL；a 为滴定水样消耗的硫酸亚铁铵溶液的体积，mL；c 为硫酸亚铁铵溶液的浓度（以 Fe^{2+} 计），mol/L；32 为 1mmol O_2 的质量，mg/mmol；$\frac{1}{4}$ 为 1mmol Fe^{2+} 所需氧（O_2）的摩尔数；V 为所取水样的体积，mL；1000 为 1L 的 mL 数，mL/L。

3.11.3　高锰酸钾法

1. 方法依据

依据 DL/T 502.22—2006《火力发电厂水汽分析方法　第22部分：化学耗氧量的测定（高锰酸钾法）》。

2. 适用范围

适用于锅炉用水和冷却水中化学耗氧量的测定。其中酸性法适用于氯离子含量小于 100mg/L 的水样；碱性法适用于氯离子含量大于 100mg/L 的水样。

3. 方法提要

化学耗氧量（COD_{Mn}）是指天然水中可被高锰酸钾氧化的有机物含量。在酸性（或碱性）条件下，高锰酸钾具有较高的氧化电位，能将水溶液中某些有机物氧化，并以化学耗氧量（或高锰酸钾的消耗量）来表示，以表征水中有机物总含量的大小。

4. 试剂

（1）无还原物质的水。高锰酸钾-硫酸重蒸馏的二次蒸馏水，本方法所用的水均为该二次无还原物质的水。在每升无还原物质的水中加入 10mL 硫酸 $\left[c\left(\frac{1}{2}H_2SO_4\right)=4mol/L\right]$ 和少量高锰酸钾溶液 $\left[c\left(\frac{1}{5}KMnO_4\right)=0.1mol/L\right]$，放入玻璃容器中蒸馏，弃去开始的 100mL 馏出液。将所制备水放入具塞的玻璃瓶中储存。

（2）高锰酸钾标准溶液 $\left[c\left(\frac{1}{5}KMnO_4\right)=0.01mol/L\right]$。

（3）草酸标准溶液 $\left[c\left(\frac{1}{2}H_2C_2O_4\right)=0.01mol/L\right]$。准确称取于 105～110℃烘干至恒重的基准草酸钠（$Na_2C_2O_4$）0.6701g，用少量无还原物质的水溶解后定量移入 1L 容量瓶中，加入 200mL 无还原物质的水及 25mL 浓硫酸，并用无还原物质的水稀释至刻度，摇匀。然后移入棕色瓶中并于暗处储存。

（4）硫酸（1+3）。配制此溶液时，利用稀释时的温热条件，用高锰酸钾溶液滴定至微红色。

（5）氢氧化钠溶液（100g/L）。

5. 仪器

水浴锅:在开始加热到反应阶段,该水浴锅必须有足够的能力确保其中所有试样中溶液的温度很快达到 96~98℃。

6. 分析步骤

(1) 酸性条件测定耗氧量(适用于氯离子含量小于 100mg/L 的水样)。

1) 准确移取 100.00mL 水样(体积为 V)注于 250mL 锥形瓶中。如水样需要过滤时,必须采用玻璃过滤器或古氏漏斗,不得使用滤纸。采用过滤后的水样进行测定,则所得的结果为水样溶解性有机物的含量,在报告中应注明水样经过滤。

2) 加入 10mL 硫酸溶液,摇匀。

3) 用滴定管准确加入 10.00mL 高锰酸钾标准溶液,在沸腾水浴锅内加热 30min(水浴锅的水位一定要超过水样液面)。若取样量为 50mL,则 (COD)$_{Mn}$ 为 10mg/L,相当于将所加入的高锰酸钾消耗了 60%。在酸性溶液中测定耗氧量时,若水样在加热过程中出现棕色二氧化锰沉淀则应重新取样测定,并适当增加高锰酸钾标准溶液的加入量或减少取样量。样品在试验过程中,高锰酸钾标准溶液的加入量、煮沸的时间和条件(包括升温的时间)以及滴定时的水样温度等条件,都应严格遵守上述规定。

4) 迅速加入 10.00mL 草酸标准溶液,此时溶液应褪色。若此时溶液不褪色,则应考虑草酸溶液是否失效或加入量是否不足。

5) 继续用高锰酸钾标准溶液滴定(滴定完溶液温度应不低于 80℃)至微红色并保持 1min 不消失为止,记录高锰酸钾标准溶液消耗的体积为 V_1。

6) 另取 100mL 无还原物质的水与水样同时进行空白试验,记录空白试验高锰酸钾标准溶液消耗的体积为 V_0。当水样中氯化物较高时,则会产生氯离子的氧化反应而影响结果,即

$$2KMnO_4 + 16H^+ + 16Cl^- \longrightarrow 2KCl + 2MnCl_2 + 5Cl_2 \uparrow + 8H_2O \qquad (3-31)$$

因此,水样氯离子的含量超过 100mg/L 时,必须采用 (2) 在碱性溶液中测定化学耗氧量操作步骤。

(2) 在碱性溶液中测定耗氧量(适用于氯离子大于 100mg/L 的水样)。

1) 准确移取 100.00mL 水样(体积为 V)注于 250mL 锥形瓶中。

2) 加入 2mL 氢氧化钠溶液和 10.00mL 高锰酸钾标准溶液,在沸腾水浴锅内加热 30min(水浴锅的水位一定要超过水样液面)。高锰酸钾在碱性溶液加热过程中,如产生棕色沉淀或溶液本身变为绿紫色,都不需要重新进行试验。在煮沸过程中如遇到溶液变成无色的情况,则需要减少所取水样的量,重新进行试验。

3) 迅速加入 10mL(1+3)硫酸溶液及 10.00mL 草酸标准溶液,此时溶液

应褪色。

4）继续用高锰酸钾标准溶液滴定（滴定完溶液温度应不低于80℃）至微红色，并保持1min不消失为止。记录高锰酸钾标准溶液消耗的体积为V_1。

5）另取100.00mL无还原物质的水进行空白试验，记录空白试验消耗高锰酸钾标准溶液的体积为V_0。作空白测定的无还原物质的水，可用无污染的过热蒸汽代替，但不能用除盐水或高纯水。

7. 分析流程

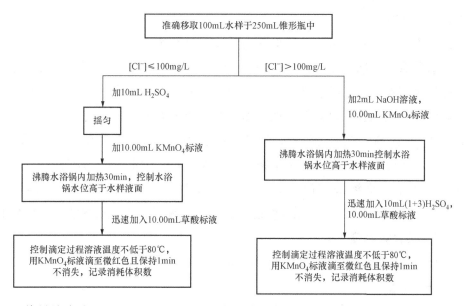

8. 结果的表述

水样高锰酸钾化学耗氧量COD_{Mn}的数值（以O计，mg/L）按式（3-32）计算，即

$$COD_{Mn} = \frac{c(V_1 - V_0) \times 8 \times 1000}{V} \qquad (3-32)$$

式中：c为高锰酸钾标准溶液的浓度，mol/L；V_0为空白试验消耗的高锰酸钾标准液的体积，mL；V_1为水样消耗高锰酸钾标准溶液的体积，mL；V为水样的体积，mL；8为氧$\left(\frac{1}{2}O\right)$的摩尔质量，g/mol。

3.12 硫酸盐的测定

3.12.1 方法依据

依据DL/T 502.11—2006《火力发电厂水汽分析方法 第11部分：硫酸盐的测

定（分光光度法）》。

3.12.2　适用范围

适用于锅炉用水和冷却水中硫酸盐含量（以 SO_4^{2-} 计）1～40mg/L 水样的测定。

3.12.3　方法提要

在控制的试验条件下，硫酸根离子转化成硫酸钡悬浊物。加入含甘油和氯化钠的溶液来稳定悬浮物并消除干扰。使用分光光度计来测定该溶液浊度，根据测得吸光度查工作曲线，得出水样中硫酸根含量。

3.12.4　试剂

（1）蒸馏水。GB/T 6682—2008 规定的Ⅰ级试剂水。

（2）氯化钡。将氯化钡晶体（$BaCl_2 \cdot 2H_2O$）筛分至 20～30 目。在实验室制备时，将晶体平铺在一块大的表面皿上，在 105℃下干燥 4h。筛分除去不在 20～30 目的晶体，将制得的氯化钡晶体储存在干净并烘干的容器中。

（3）条件试剂。在一容器中依次加入 300mL 蒸馏水和 30mL 浓硫酸，100mL95％乙醇或异丙醇和 75g 氯化钠，再加入 50mL 甘油并混合均匀。

（4）硫酸盐标准溶液（以 SO_4^{2-} 计）（1mL 含 $0.1000mgSO_4^{2-}$）。准确称取 0.1479g 在 110～130℃烘干 2h 的优级纯无水硫酸钠，用少量水溶解，定量转移至 1L 容量瓶并稀释至刻度。

（5）试剂纯度应符合 GB/T 6903 的要求。

3.12.5　仪器

（1）分光光度计。可在 420nm 使用，配有 50mm 比色皿。

（2）秒表。精度为 0.2s。

（3）磁力搅拌器。

3.12.6　分析步骤

1. 工作曲线的绘制

（1）准确移取 0、5.00、15.00、25.00、35.00mL 硫酸根标准溶液至 100mL 容量瓶中，用蒸馏水稀释至刻度。该工作溶液硫酸根浓度分别为 0、5.00、15.00、25.00、35.00mg/L。

（2）将工作溶液分别转移至 250mL 烧杯中。

（3）加入 5.0mL 条件试剂，用搅拌仪器进行混合。

（4）当试液开始搅拌时，加入称取的 $BaCl_2$（0.3g），立即开始计时。以磁力搅拌器恒速搅拌 1.0min（以秒表计时）。

（5）搅拌结束后立即将溶液倒入比色皿进行测定，在 3～10min 内，测定 420nm 处的吸光度并记录。

（6）以硫酸根离子浓度（mg/L）对吸光度绘制工作曲线或回归方程。每台分光光度计必须绘制专用的工作曲线，当更换比色皿，灯、滤光片或仪器及试剂有任何改变时都须重新绘制工作曲线。在每次测定样品时，用两个以上已知浓度的硫酸根标准溶液校验工作曲线。

2. 水样的测定

（1）准确移取 100mL（或小于 100mL）试样至 250mL 烧杯中，该试液中含 0.5～4mg 硫酸根。若移取试样小于 100mL，将其稀释至 100mL。

（2）按 3.12.6（1）中（3）～（5）步骤进行操作。由于 $BaSO_4$ 有溶解度，故很难测定硫酸根浓度小于 5mg/L 的试样。可通过以下两种方法来测定硫酸根浓度小于 5mg/L 的试样：①浓缩试样；②向试样中加入 5mL 硫酸根标准溶液（1mL 含 0.100mg SO_4^{2-}）再将其稀释至 100mL，这样试样中就加入了 0.5mg SO_4^{2-}，在最后的结果中必须将其减除。水样中硫酸盐含量大于 40mg/L 时，由于生成的硫酸钡溶液不稳定，可取适量水样稀释后测定。测定水样时，温度应尽量和绘制工作曲线时温度一致，相差不能超过 ±10℃，否则影响测定结果。比色皿经常使用时，皿壁上易附着一层白色硫酸钡沉淀，可用含有氨溶液的 0.1mol/L EDTA 溶液洗涤。

3.12.7 分析流程

分析流程见图 3-10。

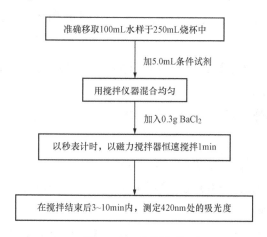

图 3-10 分析流程

3.12.8 结果的表述

根据测得样品的吸光度，在工作曲线上查出或根据回归方程算出水样中硫酸盐含量（以 SO_4^{2-} 计）（mg/L）。

3.13　游离二氧化碳的测定

3.13.1　方法依据

依据 DL/T 502.7—2006《火力发电厂水汽分析方法　第 7 部分：游离二氧化碳的测定（直接法）》。

3.13.2　适用范围

适用于锅炉补给水和生水中游离二氧化碳的测定。

3.13.3　方法提要

水中游离二氧化碳和氢氧化钠反应生成重碳酸钠时，溶液的 pH 值约为 8.3，用酚酞作为指示剂。以氢氧化钠标准溶液滴至微红色即为终点，其反应为

$$CO_2 + NaOH \rightarrow NaHCO_3 \tag{3-33}$$

本方法不适用于含其他酸性物质的水样中游离二氧化碳的测定。

3.13.4　试剂

(1) 氢氧化钠标准溶液[$c(NaOH)=0.1mol/L$]。

(2) 氢氧化钠标准溶液[$c(NaOH)=0.01mol/L$]。

(3) 中性酒石酸钾钠溶液。称取 300g 酒石酸钾钠用蒸馏水溶解，稀释至 1L。该溶液应对 1%酚酞指示剂不显红色，否则需用酸仔细中和至红色刚刚消失为止。

(4) 酚酞指示剂（10g/L 乙醇溶液）。称取 1g 酚酞，溶于乙醇（95%），用乙醇（95%）稀释至 100mL。

(5) 试剂纯度应符合 GB/T 6903 的要求。

3.13.5　仪器

(1) 附有碱石棉吸收装置的滴定管（5mL）。

(2) 容量瓶。200mL（刻度线上部空间容积大于 10mL 的）。

3.13.6　分析步骤

(1) 以虹吸法将水样引入 200mL 容量瓶底部，待水样溢流 2~3min 后，轻轻抽取虹吸管，将瓶塞塞紧。

(2) 开启瓶塞，迅速甩出水样至刻度。

(3) 立即加入 4 滴酚酞指示剂。

(4) 用 0.01mol/L 或 0.1mol/L 氢氧化钠标准溶液滴定至呈现浅红色，经 15s 不消失时为止。记录消耗氢氧化钠标准溶液的体积（VmL）。

3.13.7 分析流程

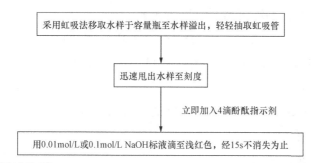

3.13.8 结果的表述

水中游离二氧化碳的含量 X_{CO_2}（mg/L）按式（3-34）计算，即

$$X_{CO_2} = \frac{Vc \times 44}{200} \times 1000 \qquad (3-34)$$

式中：X_{CO_2} 为水样中游离二氧化碳含量，mg/L；V 为氢氧化钠标准溶液的消耗体积，mL；c 为氢氧化钠标准溶液的浓度，mol/L；44 为二氧化碳（CO_2）的摩尔质量，g/mol。

3.14 全 硅 的 测 定

3.14.1 方法依据

依据 DL/T 502.3—2006《火力发电厂水汽分析方法 第 3 部分：全硅的测定（氢氟酸转化分光光度法）》。

3.14.2 适用范围

适用于原水、澄清水和炉水中全硅的测定（硅含量为 1~5mg/L）。

3.14.3 方法提要

为了要获得水样中非活性硅的含量，应进行全硅和活性硅的测定。在沸腾的水浴锅上加热已酸化的水样，并用氢氟酸把非活性硅转化为氟硅酸，然后加入三氯化铝，除了掩蔽过量的氢氟酸外，还将所有氟硅酸解离，使硅成为活性硅。用钼蓝法进行测定，就可得全硅的含量。采用先加三氯化铝后加氢氟酸，再用钼蓝法测得的含硅量，则为活性硅含量。全硅与活性硅的差为非活性硅的含量。

用氢氟酸转化时反应式为

$$(SiO_2)_m \cdot nH_2O + 6mHF \rightarrow mH_2SiF_6 + (2m+n)H_2O \qquad (3-35)$$

多分子聚合硅反应式为

$$(SiO_2)_m + 6mHF \rightarrow mH_2SiF + 2mH_2O \qquad (3-36)$$

颗粒状硅反应式为

$$H_2SiO_3 + 6HF \rightarrow H_2SiF_6 + 3H_2O \tag{3-37}$$

用三氯化铝作掩蔽剂和解络剂时反应式为

$$AlCl_3 + 6HF \rightarrow H_3AlF_6 + 3HCl \tag{3-38}$$

$$AlCl_3 + H_2SiF_6 + 3H_2O \rightarrow H_3AlF_6 + 3HCl + H_2SiO_3 \tag{3-39}$$

3.14.4　试剂

(1) 蒸馏水。GB/T 6682—2008 规定的 I 级试剂水。

(2) 聚乙烯烧杯。

(3) 二氧化硅标准溶液的配制。

1) 储备液（1mL 含 0.1mg SiO$_2$）。准确称取 0.1000g 经 700～800℃灼烧过已研磨细的二氧化硅（优级纯），与 1.0～1.5g 已于 270～300℃焙烧过的粉末状无水碳酸钠（优级纯）置于铂坩埚内混匀，在上面加一层碳酸钠，在冷炉状态放入高温炉，升温至 900～950℃下熔融 30min。冷却后，将铂坩埚放入聚乙烯烧杯中，用热的蒸馏水溶解熔融物，待熔融物全部溶解后取出坩埚，以蒸馏水仔细冲洗坩埚的内外壁，待溶液冷却至室温后，定量移入 1L 容量瓶中，用蒸馏水稀释至刻度，混匀后移入聚乙烯瓶中储存。该液应完全透明如有浑浊须重新配制。

2) 标准溶液（1mL 含 0.05mg SiO$_2$）。取储备液（1mL 含 0.1mg SiO$_2$）25.00mL，用蒸馏水准确稀释至 50.00mL。

(4) 氢氟酸溶液（1+7）。

(5) 三氯化铝溶液（1mol/L）。称取结晶三氯化铝（AlCl$_3$·6H$_2$O）241g 溶于约 600mL 蒸馏水中，稀释至 1L。

(6) 盐酸溶液（1+1）。

(7) 草酸（H$_2$C$_2$O$_4$）溶液（100g/L）。

(8) 钼酸铵[(NH$_4$)$_6$Mo$_7$O$_{24}$·4H$_2$O]溶液（100g/L）。

(9) 1-氨基-2 萘酚-4 磺酸还原剂。

1) 称取 1.5g 1-氨基-2 萘酚-4 磺酸[H$_2$NC$_{10}$H$_5$(OH)SO$_3$H]和 7g 无水亚硫酸钠（Na$_2$SO$_3$），溶于约 200mL 蒸馏水中。

2) 称取 90g 亚硫酸氢钠（NaHSO$_3$），溶于约 600mL 蒸馏水中。

3) 将上述 1) 和 2) 两溶液混合，用蒸馏水稀释至 1L。若溶液浑浊则应过滤后使用。

4) 将所配溶液储存于温度低于 5℃的冰箱中。以上所有试剂均应储存于聚乙烯瓶中。

3.14.5 仪器

(1) 分光光度计。可在波长 660nm 使用，配有 10mm 比色皿。

(2) 多孔水浴锅。

(3) 0～5mL 有机玻璃移液管（分度值 0.2mL）。

(4) 150～250mL 聚乙烯瓶或密封塑料杯。

3.14.6 分析步骤

(1) 工作曲线绘制。

1) 按表 3-6 规定取二氧化硅标准溶液（1mL 含 0.05mg SiO_2）注入一组聚乙烯瓶中，用滴定管添加蒸馏水使其体积为 50.00mL。

表 3-6 1～5mg/L SiO_2 工作溶液的配制

标准溶液体积（mL）	0	1.00	2.00	3.00	4.00	5.00
添加蒸馏水体积（mL）	50.0	49.0	48.0	47.0	46.0	45.0
SiO_2 浓度（mg/L）	0.0	1.0	2.0	3.0	4.0	5.0

2) 分别加三氯化铝溶液 3.0mL，摇匀，用有机玻璃移液管准确加氢氟酸溶液 (1+7)1.0mL，摇匀，放置 5min。

3) 加盐酸溶液（1+1）1.0mL，摇匀，加钼酸铵溶液 2.0mL，摇匀，放置 5min，加草酸溶液 2.0mL，摇匀，放置 1min，再加 1-氨基 2-萘酚-4 磺酸还原剂 2.0mL，摇匀，放置 8min。

4) 在分光光度计上用 660nm 波长、10mm 比色皿，以蒸馏水作为参比测定吸光度，根据测得的吸光度绘制工作曲线或回归方程。

(2) 水样全硅的测定。

1) 准确吸取 25.0mL 水样注入聚乙烯瓶中，用滴定管添加蒸馏水使其体积为 50.00mL。加入盐酸（1+1）1.0mL，摇匀，用有机玻璃移液管准确加入氢氟酸溶液（1+7）1.0mL，摇匀，盖好瓶盖，置于沸腾水浴锅里加热 15min。

2) 将加热好的水样置于冷水中冷却，试液温度控制在（27±5）℃（用空白试验作对比），然后加三氯化铝溶液 3.0mL，摇匀，放置 5min。空白试验是指量取 50.00mL 蒸馏水，注入聚乙烯瓶中，旋紧瓶盖后与水样一起置于水浴锅上加热 15min，然后与水样同时放入冷水中冷却。在冷却过程中，可用温度计监测蒸馏水的温度，当空白试验瓶内的蒸馏水温度降至（27±5）℃时，即认为水样已经冷却好。

3）加入钼酸铵溶液 2.0mL，摇匀后放置 5min。加草酸溶液 2.0mL，摇匀，放置 1min。加 1-氨基 2-萘酚 4 磺酸还原剂 2.0mL，摇匀，放置 8min。

4）在分光光度计上用 660nm 波长、10mm 比色皿，以蒸馏水作参比测定吸光度，把查工作曲线或由回归方程计算所得的数值乘 2，即为水样中全硅的含量 $(SiO_2)_t$。

（3）水样中活性硅的测定。

1）准确吸取 25.00mL 水样注入聚乙烯瓶中，用滴定管添加蒸馏水使其体积为 50.00mL。

2）加三氯化铝溶液 3.0mL，摇匀，用有机玻璃移液管准确加入氢氟酸溶液 (1+7)1.0mL，摇匀后放置 5min。

3）加盐酸溶液 （1+1） 1.0mL，摇匀，加钼酸铵溶液 2.0mL，摇匀后放置 5.0min。加草酸溶液 2.0mL，摇匀后放置 1min。再加 1-氨基 2-萘酚-4 磺酸还原剂 2.0mL，摇匀后放置 8min。

4）在分光光度计上用 660nm 波长、10mm 比色皿，以蒸馏水作参比测定吸光度，把查工作曲线或由回归方程计算所得的数值乘 2，即为水样中活性硅的含量 $(SiO_2)_h$。

（4）水样中非活性硅的测定。水样中非活性硅 $(SiO_2)_f$ 的含量 （mg/L） 按式 （3-40） 计算，即

$$(SiO_2)_f = (SiO_2)_t - (SiO_2)_h \qquad (3-40)$$

（5）在整个测试过程中，所用聚乙烯器皿在使用前都需用 （1+1） 盐酸和 （1+1） 氢氟酸混合液浸泡过夜后，用蒸馏水充分冲洗后备用。在测试过程中如发现个别瓶 （杯） 样数据明显异常，应弃去不用。

3.14.7 分析流程

分析过程见图 3-11。

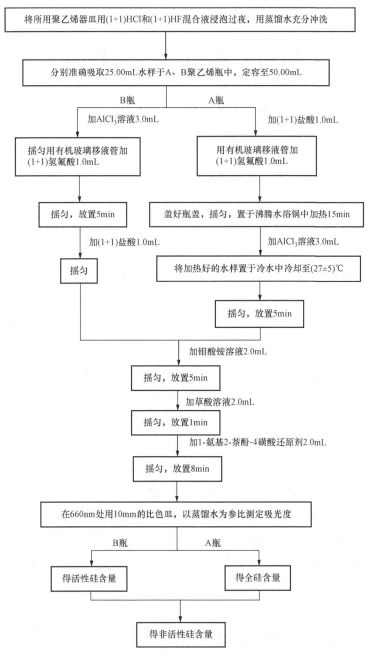

图 3-11　分析流程

4 标准溶液的配制与标定

4.1 氢氧化钠标准溶液[$c(NaOH)=0.1mol/L$]

4.1.1 试剂

(1) 氢氧化钠饱和溶液。取上层澄清液使用。

(2) 邻苯二甲酸氢钾（基准试剂）。

(3) 1%酚酞指示剂（乙醇溶液）。

4.1.2 配制

取 5mL 氢氧化钠饱和溶液，注于 1L 不含二氧化碳的蒸馏水中，摇匀。

4.1.3 标定

称取 0.6g（准确至 0.2mg）于 105～110℃烘干至恒重的基准邻苯二甲酸氢钾，溶于 50mL 不含二氧化碳的蒸馏水（或新制备的除盐水）中，加 2 滴 1%酚酞指示剂，用待标定的氢氧化钠滴定至溶液所呈粉红色与标准色相同。同时做空白试验。

氢氧化钠标准溶液的物质的量浓度（c）按式（4-1）计算，即

$$c = \frac{G}{(a_1 - a_2) \times 0.2042} \qquad (4-1)$$

式中：G 为邻苯二甲酸氢钾的质量，g；a_1 为滴定邻苯二甲酸氢钾消耗氢氧化钠溶液的体积，mL；a_2 为空白试验消耗氢氧化钠溶液的体积，mL；0.2042 为邻苯二甲酸氢钾（$KHC_6H_4O_4$）的摩尔质量，g/mmol。

标准色的配制方法是量取 80mL pH 值为 8.5 的缓冲溶液，加 2 滴 1%酚酞指示剂，摇匀。

4.2 硫酸标准溶液[$c\left(\frac{1}{2}H_2SO_4\right)=0.1mol/L$]

4.2.1 试剂

(1) 浓硫酸。

(2) 1%酚酞指示剂。

4.2.2 配制

量取 3mL 浓硫酸，缓缓注入 1L 蒸馏水（或除盐水）中，冷却、摇匀。

4.2.3 标定

量取 20.00mL 待标定的硫酸溶液，加 60mL 不含二氧化碳的蒸馏水（或新制备的除盐水），加 2 滴 1％酚酞指示剂，用氢氧化钠标准溶液[c(NaOH)＝0.1mol/L]滴定，至溶液呈粉红色。

硫酸标准溶液的物质的量浓度（c）按式（4-2）计算，即

$$c = \frac{ab}{V} \tag{4-2}$$

式中：a 为滴定硫酸消耗氢氧化钠标准溶液的体积，mL；b 为氢氧化钠标准液的物质的量浓度，mol/L；V 为待标定的硫酸标准溶液体积，mL。

4.3 乙二胺四乙酸二钠（EDTA）标准溶液[c(EDTA)＝0.02mol/L]

4.3.1 试剂

（1）乙二胺四乙酸二钠（EDTA）。

（2）氧化锌（基准试剂）。

（3）盐酸溶液（1+1）。

（4）10％氨水。

（5）氨-氯化铵缓冲溶液。称取 67.5g 氯化铵，溶于 570mL 浓氨水中，加入 1g EDTA 二钠镁盐，并用水稀释至 1L。

（6）0.5％铬黑 T 指示剂（乙醇溶液）。称取 4.5g 盐酸羟胺，用 18mL 蒸馏水溶解，另在研钵中加 0.5g 铬黑 T（$C_{20}H_{12}O_7N_3SNa$）磨匀，混合后用 95％乙醇定容至 100mL，储存于棕色滴瓶中备用，使用期不应超过 1 个月。

4.3.2 配制

称取 8g 乙二胺四乙酸二钠溶于 1L 高纯水中，摇匀。

4.3.3 标定

称取 0.4g（称准至 0.2mg）于 800℃灼烧至恒重的基准氧化锌，用少许蒸馏水湿润，滴加盐酸溶液（1+1）至样品溶解，移入 250mL 容量瓶中，稀释至刻度，摇匀。取上述溶液 20.00mL，加 80mL 除盐水，用 10％氨水中和至 pH 值为 7～8，此时刚好出现絮状沉淀。加 5mL 氨-氯化铵缓冲溶液（pH＝10），加 5 滴 0.5％铬黑 T 指示剂，用 c(EDTA)＝0.02mol/LEDTA 溶液滴定至溶液由紫色变为纯蓝色。

EDTA 标准溶液的物质的量浓度（c）按式（4-3）计算，即

$$c = \frac{G}{V \times 0.081\,38} \times \frac{20}{250} = \frac{0.08G}{V \times 0.081\,38} \tag{4-3}$$

式中：G 为氧化锌的质量，g；V 为滴定时消耗 EDTA 溶液的体积，mL；0.08 为 250mL 中取 20mL 滴定，相当于 G 的 0.08 倍；0.08138 为氧化锌（ZnO）的摩尔质量，g/mmol。

4.4　硫代硫酸钠标准溶液$[c(Na_2S_2O_3)=0.1mol/L]$

4.4.1　试剂

（1）硫代硫酸钠（$Na_2SO_4 \cdot 5H_2O$）。

（2）重铬酸钾（基准试剂）。

（3）无水碳酸钠。

（4）碘化钾。

（5）硫酸$\left[c\left(\frac{1}{2}H_2SO_4\right)=4mol/L\right]$。

（6）1%淀粉指示剂。称取 1g 淀粉，加 5mL 蒸馏水使其成糊状，在搅拌下将缓慢注入 90mL 沸腾的蒸馏水中，再继续煮沸 1～2min，稀释至 100mL。使用期为 2 周。

4.4.2　配制

称取 26g 硫代硫酸钠（$Na_2S_2O_3 \cdot 5H_2O$）（或 16g 无水硫代硫酸钠），加 0.2g 无水碳酸钠，溶于 1000mL 水中，缓缓煮沸 10min，冷却。放置 2 周后过滤。

4.4.3　标定

称取 0.18g 于（120±2）℃干燥至恒重的工作基准试剂重铬酸钾，置于碘量瓶中，溶于 25mL 水，加 2g 碘化钾及 20mL 硫酸溶液（20%），摇匀，于暗处放置 10min。加 150mL 水（15～20℃），用配置好的硫代硫酸钠溶液滴定。近终点时加 2mL 淀粉指示液（10g/L），继续滴定至溶液由蓝色变为亮绿色。同时做空白试验。

硫代硫酸钠标准滴定溶液的浓度$[c(Na_2S_2O_3)]$，以摩尔每升（mol/L）表示，按式（4-4）计算，即

$$c(Na_2S_2O_3) = \frac{m \times 1000}{(V_1 - V_2)M} \qquad (4-4)$$

式中：m 为重铬酸钾的质量，g；V_1 为硫代硫酸钠溶液的体积，mL；V_2 为空白试验硫代硫酸钠溶液的体积，mL；M 为重铬酸钾的摩尔质量，$\left[M\left(\frac{1}{6}K_2Cr_2O_7\right)=49.031g/mol\right]$。

4.5 硝酸银标准溶液$[c(AgNO_3)=0.1mol/L]$

4.5.1 试剂

（1）氯化钠（基准试剂）。

（2）淀粉溶液（10g/L）。

（3）硝酸银。

4.5.2 仪器

（1）电位滴定装置。电位滴定测定装置见图4-1。

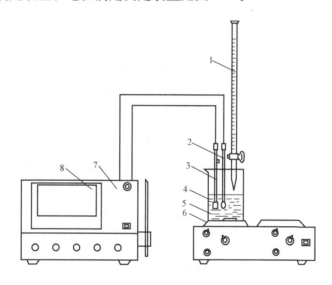

图4-1 电位滴定装置

1—滴定管；2—指示电极；3—参比电极；4—烧杯；5—被测溶液；
6—电磁搅拌器；7—电位计或酸度计；8—显示窗

（2）电位计。电位计的精度为±2mV。

（3）酸度计。酸度计的精度pH值为±0.02。

（4）电极。

1）指示电极用216型银电极。

2）参比电极用双盐桥型饱和甘汞电极。

（5）电磁搅拌器。

4.5.3 配制

称取17.5g硝酸银，溶于1000mL水中，摇匀。溶液储存于棕色瓶中。

4.5.4 标定

（1）测定方法。称取0.22g于500～600℃的高温炉中灼烧至恒重的工作基准试剂氯化钠，溶于 70mL 水中，加 10mL 淀粉溶液（10g/L），以 216 型银电极作为指示电极，217 型双盐桥饱和甘汞电极作为参比电极，开动电磁搅拌器，用规定的标准滴定溶液进行滴定。从滴定管中滴入约为所需滴定体积的 90% 的标准滴定溶液，测量溶液的电位或 pH 值。以后每滴加 1mL 或适量标准滴定溶液测量一次电位或 pH 值，化学计量点前后，应每滴加 0.1mL 标准滴定溶液测量一次。继续滴定至电位或 pH 值变化不大时为止。记录每次滴加标准滴定溶液后滴定管的读数及测得的电位或 pH 值，用做图法确定滴定终点。

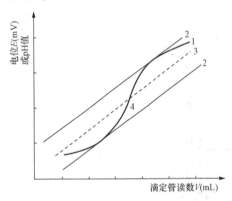

图 4 - 2　滴定终点曲线

1—滴定曲线；2—切线；3—平行

等距直线；4—滴定终点

（2）终点的确定（做图法）。以指示电极的电位（mV）或 pH 值为纵坐标，以滴定管的读数（mL）为横坐标绘制滴定曲线。做两条与横坐标成 45°的滴定曲线的切线，并在两切线间做一与两切线距离相等的平行线，该线与滴定曲线的交点即为滴定终点（见图 4 - 2）。交点的横坐标为滴定终点时标准滴定溶液的用量（V_0），交点的纵坐标为滴定终点时的电位或 pH 值。

（3）结果计算。硝酸银标准滴定溶液的浓度 $[c(AgNO_3)]$，以摩尔每升（mol/L）表示，按式（4 - 5）计算，即

$$c(AgNO_3) = \frac{m \times 1000}{V_0 M} \qquad (4 - 5)$$

式中：m 为氯化钠的质量，g；V_0 为硝酸银溶液的体积，mL；M 为氯化钠的摩尔质量，$[M(NaCl) = 58.442 g/mol]$。

4.6　高锰酸钾标准滴定溶液的配制与标定

4.6.1　高锰酸钾标准溶液$\left[c\left(\frac{1}{5}KMnO_4\right) = 0.1 mol/L\right]$的配制与标定

1. 试剂

（1）二次蒸馏水。

（2）高锰酸钾。

（3）草酸钠。基准试剂。

（4）硫代硫酸钠标准溶液$[c(Na_2S_2O_3) = 0.1 mol/L]$。

（5）硫酸（1+8）。

（6）浓硫酸。

（7）碘化钾。

（8）淀粉指示剂（10g/L）。称取 1.0g 淀粉，加 5mL 水使其成糊状物，在搅拌下将糊状物加入 90mL 沸腾的水中，煮沸 1～2min，冷却，稀释至 100mL。使用期为 2 周。

2. 配制

称取 3.3g 高锰酸钾溶于 1050mL 试剂水中，缓慢煮沸 15～20min，冷却后于暗处密闭保存 2 周。以 "4 号" 玻璃过滤器过滤，滤液储存于具有磨口塞的棕色瓶中。

3. 标定

（1）以草酸钠做基准标定。称取于 105～110℃烘至恒重的基准草酸钠 0.2g（准确至 0.1mg），溶于 100mL 二次蒸馏水中，加 8mL 浓硫酸，用高锰酸钾标准溶液滴定，近终点时，加热至 65℃，继续滴定至溶液所呈粉红色保持 30s。同时做空白试验。

高锰酸钾标准溶液的浓度按式（4-6）计算，即

$$c = \frac{m \times 1000}{(V - V_0) \times 67.00} \tag{4-6}$$

式中：c 为高锰酸钾标准溶液的物质的量浓度，mol/L；m 为草酸钠的质量，g；V 为滴定消耗高锰酸钾标准溶液的体积，mL；V_0 为空白试验消耗高锰酸钾标准溶液的体积，mL；67.00 为草酸钠（$Na_2C_2O_4$）的摩尔质量，g/mol。

（2）用硫代硫酸钠标准溶液 $[c(Na_2S_2O_3) = 0.1mol/L]$ 标定。取 20.00mL 待标定的高锰酸钾标准溶液，加 2g 碘化钾及 20mL 硫酸溶液（1+8），摇匀，于暗处放置 5min。加 150mL 二次蒸馏水，用硫代硫酸钠标准溶液滴定，滴到溶液呈淡黄色时加 1mL 淀粉指示剂，继续滴定至溶液蓝色消失。

高锰酸钾标准溶液的浓度按式（4-7）计算，即

$$c = \frac{ab}{V} \tag{4-7}$$

式中：a 为消耗硫代硫酸钠标准溶液的体积，mL，b 为硫代硫酸钠标准溶液的物质的量浓度，mol/L；V 为高锰酸钾标准溶液的体积，mL。

4.6.2 高锰酸钾标准溶液 $\left[c\left(\frac{1}{5}KMnO_4\right) = 0.01mol/L\right]$ 的配制与标定

取 0.1mol/L 高锰酸钾标准溶液，用煮沸后冷却的二次蒸馏水稀释至原浓度的 1/10 制得。其浓度不需标定，由计算得出。

附录 锅炉用水和冷却水分析方法中通用的规则

1. 锅炉用水和冷却水

锅炉用水和冷却水分析方法（简称"方法"）中的锅炉用水通常包括天然水、澄清水、软化水、除盐水、锅炉给水、炉水、锅炉蒸汽、凝结水；冷却水一般指工业循环冷却水。

2. 试剂纯度

"方法"中使用的试剂应符合国家标准有关化学试剂规格的规定，其纯度应能满足水、汽质量分析要求。"方法"中未注明试剂级别的均为分析纯试剂。

3. 分析实验室用水规格

分析实验室用蒸馏水共分一级水、二级水和三级水三个级别。

（1）一级水。一级水用于有严格要求的分析试验，包括对颗粒有要求的试验。如高效液相色谱分析用水。一级水可用二级水经过石英设备蒸馏或离子交换混合床处理后，再经 $0.2\mu m$ 微孔滤膜过滤来制取。

（2）二级水。二级水用于无机痕量分析等试验，如原子吸收光谱分析用水。二级水可用多次蒸馏或离子交换等方法制取。

（3）三级水。三级水用于一般化学分析试验，可用蒸馏或离子交换等方法制取。

分析实验室用蒸馏水的规格见附表 1。

附表 1   实验室用蒸馏水规格

名 称	一级	二级	三级
pH 值范围（25℃）	—	—	5.0～7.5
电导率（25℃）（mS/m）	≤0.01	≤0.10	≤0.50
可氧化物质含量（以 O 计）（mg/L）	—	≤0.08	≤0.4
吸光度（254nm，1cm 光程）	≤0.001	≤0.01	—
蒸发残渣［(105±2)℃］含量（mg/L）	—	≤1.0	≤2.0
可溶性硅（以 SiO_2 计）含量（mg/L）	≤0.01	≤0.02	—

4. 溶液

"方法"中使用的溶液，除明确规定外均为水溶液。

5. 空白试验

（1）在一般的测定方法中，以试剂水代替水样，按测定水样的方法和步骤进行测定，其测定值称为空白值，用空白值对水样测定结果进行空白校正。

（2）在痕量成分的比色分析中，为校正试剂水中待测成分含量，需要进行单倍试剂及双倍试剂的空白试验。单倍试剂空白试验与一般的空白试验相同。双倍试剂的空白试验是指试剂加入量是测定水样所用试剂量的两倍（若酸、碱数量加倍后会改变反应条件，则酸、碱数量可不加倍），用测定水样的步骤进行测定。根据单、双倍试剂空白试验的结果对水样测定结果进行空白值校正。具体可按下列公式表述：

$$A_d = A_w + A_t$$
$$A_s = A_w + 2A_t$$
$$A_t = A_s + A_d$$
$$A_w = 2A_d - A_s$$

式中：A_d 为单倍试剂空白的吸光度；A_s 为双倍试剂空白的吸光度；A_t 为试剂的吸光度；A_w 为试剂水的吸光度。

6. 测定次数及测定数据的取舍

水质分析中，水样分析一般要做 2～3 个平行样，当每次测定值的绝对误差都小于允许差时，则取每测定值的算术平均值为分析结果的报告值。当两次平行测定结果的绝对误差超过允许差时，则要进行第三次测量；当第三次的测定值与前两次测定值的其中一个绝对误差小于允许差时，则取该两数值算术平均值为分析结果的报告值，另一测定数据舍去。当三次平行测定值之间的绝对误差均超过允许差时，则数据全部作废，应查找原因后进行测定。

参 考 文 献

[1] 李培元，周柏青. 发电厂水处理及水质控制 [M]. 北京：中国电力出版社，2012.

[2] 朱志平. 电厂化学概论 [M]. 北京：化学工业出版社，2013.